W0223532

Felix Mrowka

glücklich IMKERN

Bienenhaltung für Anfänger auch ohne Imkerkurse

Bienen verstehen lernen I Imkern, wie du es willst

BeeHappy
be nature...

www.BeeHappy-Imkerei.de

WIDMUNG

Dieses Buch ist für die Naturbegeisterten, die Bienenliebhaber und selbstbestimmten Freizeitimker, die im eigenen Garten ihr Glück finden wollen. Und für meine Frau Gina, die mich mit ihrer Liebe täglich inspiriert, Großartiges zu vollbringen.

INHALTSVERZEICHNIS

INHALTSVERZEICHNIS

EINLEITUNG

GLÜCKLICH IMKERN

So wie du vielleicht gerade mit der Bienenhaltung beginnst, bin auch ich 2012 in das Abenteuer "eigene Imkerei" gestartet. Ich war so begeistert, dass ich sprichwörtlich in die Welt der Bienen eintauchen wollte. Anfangs hielt ich nur einige kleine Völker und lernte vor allem dazu. 2015 machte ich mich dann auf eine Reise zu den Imkereien der Welt, ich bereiste Australien, Neuseeland, Kanada und die USA: 365 Tage lang erfuhr ich, wie es ist, sein ganzes Leben mit Bienen zu verbringen und mit ihnen seinen Lebensunterhalt zu verdienen.

Doch schon damals war es nicht das Geld, das mich inspiriert hat. Es war meine Beziehung zu den Bienen, die mich seit meiner Kindheit begleitete und mich sowohl vor der Auslandsreise als auch danach immer wieder für die Schaffenskraft und das Zusammenleben der kleinen Insekten schwärmen ließ.

Ich las unzählige Bücher über das Imkern, besuchte Imkerkurse und sammelte praktische Erfahrungen. Doch mir fehlte eine Offenheit für die Vielfalt der Imkerei, wie ich sie auf meinen Reisen erlebt hatte. Kurse und auch die meisten Bücher vermittelten den Eindruck, dass Bienen nur auf eine Art und Weise gehalten werden können, ja, dass die Biene ohne den Menschen nicht überleben kann.

Als ich 2019 dann selbst begann, Imkerkurse zu geben, war es mir ein Anliegen, diese Vielfalt der Imkerei mit ihren Vor- und Nachteilen aufzuzeigen und zu veranschaulichen.

Denn die Honigbiene existiert schon seit Millionen von Jahren, vor allem in den Baumhöhlen unserer Wälder, ungestört und, ohne dass der Mensch sich um ihre Gesundheit sorgen muss. Und nur einen Weg Bienen zu halten, gibt es nicht, im Gegenteil, es gibt aufregend viele Wege.

Doch bisher gibt kein Buch, kein Imkerkurs diese Vielfalt wieder. Mit "Glücklich Imkern" möchte ich dir deshalb die Chance geben, die Imkerei zu entdecken. Bereits Anfänger*innen mit der Vielfalt der Imkerei vertraut zu machen und es ihnen somit zu ermöglichen, eigene Wege der Bienenhaltung zu gehen, ist einzigartig im Dschungel der Imkerbücher und Kurse.

Deshalb bin ich froh, dass du zu mir gefunden hast, denn das Imkern hätte nicht die gleiche Vollständigkeit, wenn du es nicht in seiner ganzen Breite und Tiefe kennenlernen könntest. Glückliches Imkern ist mehr als das Lernen von Abläufen und Handlungen. Dieses Buch versetzt dich in die Lage, Honigbienen in ihrem Wesen zu verstehen und auf ihre natürlichen Bedürfnisse zu achten. Es steht aber auch dafür, Wege zu entdecken, die Tiere zu bewirtschaften, zu bewundern und sie bei der Arbeit kennenzulernen.

Bienenstaaten sind beeindruckende soziale Gefüge, die seit dreißig[1] bis fünfundvierzig Millionen Jahren[2] vollkommen allein überleben und sich entwickeln. Die Mitglieder dieses Gefüges vollbringen wahre Meisterleistungen: So sind Bienenwaben extrem stabil und geometrisch exakt gebaut, sie dienen den Bienen als Lebensort und als Speicher für ihre Kostbarkeiten. Honig ist dabei das Lebenselixier und gleichzeitig ein Medikament für die Bienen. Auch Propolis hat seinen Wert und ist für die Hygiene im Bienenstock unersetzlich. Wie Bienen am liebsten wohnen, erfährst du ausführlich in Kapitel 1.

Ein gesunder Bien, der Staat der Bienen, stirbt im Grunde nie, sondern vermehrt sich immer wieder aus sich selbst heraus, ganz ohne die Einwirkung des Menschen.

Wir nutzen das Wunderwerk Bienenvolk überhaupt erst seit ein paar tausend Jahren. So hielten die Ägypter bereits Bienen, um an den kostbaren Honig und das wertvolle Bienenwachs zu gelangen. Dafür benutzten sie Tonröhren aus Nilschlamm. Im Laufe der Zeit erfanden die Menschen für die Bienenhaltung weitere Behausungen, um noch einfacher von den Gaben der Bienen profitieren zu können. Geimkert wurde in ausgehöhlten Baumstämmen (Klotzbeuten), Körben und seit dem 19. Jahrhundert mit Magazinbeuten und beweglichen Waben. Heute gibt es sogar die Möglichkeit, den Honig aus dem Flow-Hive direkt in dein Glas fließen zu lassen! Ganz ohne Equipment zur Ernte, hättest du das gedacht?

Wie du siehst, hat sich die Imkerei immer verändert und gewandelt. Sie tut es auch heute noch. So verstärkte sich in den letzten Jahren der Trend zu einer naturnahen Haltung, weg von der intensiven Haltung, wie ich sie zum Beispiel auf meiner Auslandsreise mit den Berufsimkern der Welt noch erlebt habe, hin zu einer mehr naturnahen Betriebsweise. Mit der ersten massentauglichen Baumhöhlensimulation des deutschen Bienenforschers Torben Schiffer gelingt es nun sogar unkompliziert den Bienen eine artgerechte Baumhöhle zur Verfügung zu stellen. Mit dieser können die Bienen auch in deinem Garten ein sorgenfreies Leben führen, fast wie in einem natürlichen Wald und das ganz ohne Medikamente oder Eingriffe in das Volk. Auch ein Imkerkurs ist für das Aufstellen von dieser Wildtierbehausung nicht notwendig. Nur das Wissen über die Lebensweise der Honigbienenbienen solltest du dir dann aneignen.

Viele Wege führen in die Imkerei und hier den Überblick zu behalten, ist manchmal ganz schön schwierig. Dennoch sind zwei Dinge bis heute gleichgeblieben: die Faszination des Menschen für die Bienen und ihre seit Millionen von Jahren perfektionierte Lebensweise.

Gerade in der heutigen Situation, in der das Bienensterben und der Schutz der Natur, aber auch der Umgang mit unserer Umwelt viele Menschen berührt, wollen sich angehende Imker*innen erst recht um die Honigbienen kümmern und ihr helfen. Aber auch das Kennenlernen der Bienenvölker ist einer der wichtigsten Gründe für die Haltung von Bienen im eigenen Garten. Und es

Der Anblick von Honigbienen, mit ihren symmetrisch perfekt gebauten Waben, fasziniert den Menschen seit jeher.

gibt Menschen, wie vielleicht auch dich, die ein Bienenvolk von innen bewundern und auf jeden Fall eigenen Honig ernten möchten.

In "Glücklich Imkern" zeige ich dir die Lebensweise der Bienen und ihre natürlichen Bedürfnisse. Ich stelle dir die verschiedenen Betriebsweisen der Imkerei vor und beantworte die wichtigsten Fragen zum Einstieg in die Imkerei. Gemeinsam machen wir die ersten Schritt, hin zu deiner Bienenhaltung, und wenn du dich dann entscheiden solltest, mit den Bienen zu arbeiten, gehen wir noch einen Schritt weiter. In diesem Buch werden die notwendigen Arbeiten im Jahresverlauf dargestellt, so kannst du auch den zeitlichen Aufwand bei der Bewirtschaftung von Bienenvölkern abschätzen.

Das Buch beginnt jedoch mit einem Kapitel zur Biene selbst. Unglaublich, aber wahr, in vielen Kursen wird abgesehen von ein bisschen Biologie nichts über die natürlichen Lebenszusammenhänge der Bienen gelehrt. Gerade, wenn du jedoch mit den Bienen arbeiten und ihre Kostbarkeiten wie Honig,

Wachs und Propolis ernten willst, dann solltest du zuerst etwas über die Bedürfnisse der Bienen lernen. Nur wenn du die Bedürfnisse der Bienen verstehst, kannst du auch die Auswirkungen der heutigen Imkerei auf die Bienenvölker verstehen und dann selbst entscheiden, ob und wie stark du die Honigbienen nutzen möchtest.

In diesem Sinne wünsche ich dir bleibende Einsichten zum Leben der Honigbienen, die dich stets beim Anblick deiner Völker begleiten werden. Mit "Glücklich Imkern" wirst du ein fundiertes Verständnis für die vielen Möglichkeiten beim Imkern entwickeln und so deinen Weg zu den Bienen finden.

Legen wir also los!

Mit summenden Grüßen
Felix, dein glücklicher Imker
Und wie immer: BeeHappy, be more nature.

KAPITEL 1
BIENEN VERSTEHEN

Wer Imker*in werden will, hört gleich zu Beginn häufig Sätze wie: Ohne Imker*innen sterben die Bienen aus, also brauchen wir mehr Imker*innen. Oder: Um das Wohlergehen der Bienenvölker zu gewährleisten, müssen die Völker regelmäßig mit Medikamenten behandelt werden. Doch kann das wirklich stimmen? Was ist dran an diesen Aussagen?

Schließlich leben die Honigbienen bereits mindestens seit dreißig Millionen Jahren auf dieser Erde[3], der moderne Mensch dagegen erst seit dreihunderttausend Jahren[4]. Das ist hundert Mal länger. Wie kann es also möglich sein, dass ein Lebewesen wie der moderne Mensch für das Überleben der Honigbienen verantwortlich sein soll, die schon viel länger auf der Erde weilt als er selbst?

Viele nationale und internationale Wissenschaftler*innen wie der mehrfach ausgezeichnete Thomas D. Seeley (USA) oder im deutschen Raum allen voran der Biologe Torben Schiffer erforschen seit einigen Jahren ausgiebig unsere „uralten" und wildlebenden Honigbienen in Baumhöhlen. Diese spannenden Forschungen förderten bereits Erstaunliches zu Tage, lieferten Erkenntnisse über die Bedürfnisse der Honigbienen und gaben inspirierende Einblicke in die wahre Natur der Honigbiene.

In unseren Wäldern leben die Honigbienen noch immer auf natürliche Weise in Baumhöhlen. Es geht ihnen prächtig und Bienenkrankheiten, wie sie in menschengemachten Behausungen häufig auftreten, gibt es dort nicht oder sie werden von den Honigbienen selbst so effektiv bekämpft, dass sie niemals ausbrechen[5]. Medikamente oder menschliche Eingriffe sind zumindest für

Bienenvölker in Baumhöhlen überhaupt nicht notwendig. Es lässt sich vielmehr feststellen, dass Honigbienen uns Menschen überhaupt nicht brauchen, sondern es eher umgekehrt ist: Wir brauchen die Biene.

Nehmen wir Bienenvölker in unsere Obhut, dann sind wir Imker*innen somit nur so lange gute Imker*innen, wie wir die Gesetzmäßigkeiten der Natur auch in die imkerlichen Behausungen übertragen beziehungsweise die fehlenden, natürlichen Eigenschaften der imkerlichen Behausungen ausgleichen können.

Besonders als Neuimker*in gilt es, zunächst die natürliche Lebensweise der Bienen in Baumhöhlen kennenzulernen, um dann später auch in imkerlichen Beuten die Bienen langfristig schützen und erhalten zu können. Um der Honigbiene gerecht zu werden, führt kein Weg an den noch immer wild im Wald lebenden Honigbienen vorbei.

Ein Verständnis, der Bedürfnisse wildlebender Bienenvölker in Baumhöhlen, erklärt die Tätigkeiten der Imkerei und ermöglicht einen Einblick in die naturgegebene Lebensweise von Honigbienen.

Gerade wenn du verstehen möchtest, was Imker*innen normalerweise tun und welche langfristigen Auswirkungen deine Arbeit auf das Leben der Bienen haben kann, dann brauchst du ein Verständnis für die über Millionen Jahre perfektionierte Lebensweise der Honigbienen.

Gleichzeitig ermöglicht dir dieses Verständnis dann, selbst vorausschauend zu imkern, auftretende Probleme frühzeitig zu erkennen und zu beheben. Insbesondere, wenn es um die Gesundheit der Bienen in imkerlichen Behausungen (Beuten) geht, die speziell für die menschliche Bienenhaltung gebaut sind, brauchst du mehr als Grundlagenwissen über das Leben von Honigbienen, die noch immer in unseren Wäldern wild leben.

Das Wissen über das Wesen und Leben der Wild-Honigbienen ist von entscheidender Bedeutung für deinen Weg in die Imkerei. Denn durch die Begegnung mit der Natur unserer Honigbienen entwickelst du selbst eine Grundhaltung zu diesen Tieren, die dich bei der Begegnung mit den eigenen Bienen später ständig begleiten wird.

In diesem ersten Kapitel starten wir deshalb ausschließlich mit der natürlichen Lebensweise wildlebender Honigbienenvölker in Baumhöhlen und erkunden ihr beeindruckendes Wesen.

Das Wesen des Bien

Es ist wichtig, ein Bienenvolk nicht nur als eine Ansammlung einzelner Tiere zu sehen, sondern das gesamte Bienenvolk als eine Einheit, als einen Superorganismus, zu begreifen. Diesen einheitlichen Blick auf die vielen Teile eines Volkes hatte bereits der Imkermeister Johannes Mehring im 19. Jahrhundert. Er bezeichnete die Bienen als „Einwesen" und ermöglichte somit die Entstehung des Begriffs „der Bien" für die Gesamtheit eines Bienenvolkes[6].

Mit dem Begriff des Bien ist jedoch nicht nur die Gesamtheit aller Bienen in einem Volk gemeint, er schließt auch den Wabenbau, die Vermehrung und das Verhalten eines Bienenvolkes mit ein. Während sich der Begriff "Honigbiene" also nur auf die einzelnen Tiere in einem Volk bezieht, gibt der Begriff "Bien" das Wesen eines Bienenvolkes viel treffender wieder, denn die einzelnen Bienen in einem Volk leisten zusammen mehr, als es eine einzelne Honigbiene je könnte.

Der amerikanische Biologe William M. Wheeler bezeichnete ein Bienenvolk 1911 daher auch als Superorganismus, von lateinisch super = darüber, über hinaus, und griechisch organon = Werkzeug[7]. Der Superorganismus Bien besteht dabei maßgeblich aus seinen Tieren, genauer gesagt aus den drei Bienenwesen Arbeiterin, Königin und den Drohnen, die wir uns nun genauer ansehen wollen.

Die drei Wesen des Bien

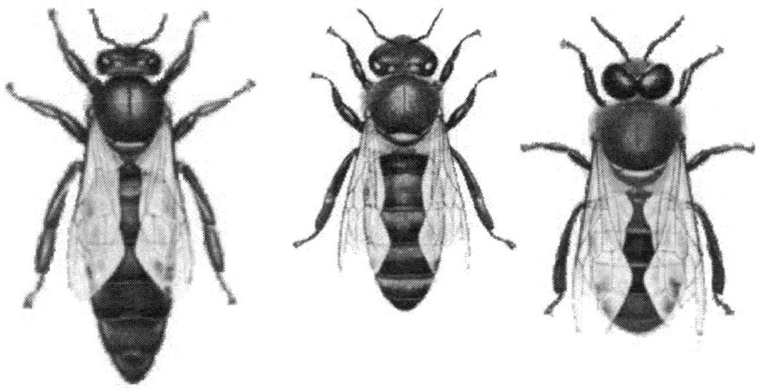

Königin *Arbeiterin* *Drohn*

Der Bien besteht aus den Geschlechtstieren Männchen (**Drohnen**) und Weibchen (**Königin**, auch Weisel genannt). Den größten Teil des Bienenvolkes machen jedoch infertile, also nicht geschlechtsfähige, unfruchtbare Weibchen (**Arbeiterinnen**) aus. Diese drei Bienenwesen haben unterschiedliche Fähigkeiten und Aufgaben im Bienenvolk und auch eine unterschiedliche Lebensdauer.

ARBEITERBIENEN

Ein Bienenvolk besteht zum größten Teil aus infertilen (nicht geschlechtsfähigen) Weibchen, den Arbeiterbienen.

Arbeiterbienen sind die tragende Säule eines Bienenvolkes und kümmern sich um so gut wie alle Arbeiten im Bienenstock. Nach dem Schlüpfen ist jede Arbeiterbiene zunächst im Innendienst tätig. Junge Arbeiterinnen nehmen dabei verschiedene Aufgaben wahr, je nach Entwicklungsstand der jungen Bienen. Zunächst putzen sie sich und ihren Bienenstock, sie wärmen die Brut und halten somit auch den Bienenstock insgesamt warm. Ab dem 6. Tag nach dem Schlupf sind die Arbeiterinnen in der Lage, die jüngeren Larven zu füttern, und ab dem 13. Tag, Bienenwachs herzustellen. Dann bauen Arbeiterinnen sechseckige Waben aus Bienenwachs, nehmen Nektar entgegen, bewachen ihr Zuhause und vieles mehr.

Erst ab ihrem 20. Lebenstag fliegen die Arbeiterinnen aus dem Bienenstock aus, um Nektar, Pollen, Wasser und alles andere zu sammeln, was das Bienenvolk zum Überleben benötigt.

Auch wenn die Arbeiten der unfruchtbaren Arbeiterinnen meist zyklisch und altersabhängig sind, kann das Volk diese Arbeitsteilung auch dynamisch gestalten. Wenn an mehreren Regentagen zum Beispiel keine Sammlerinnen gebraucht werden, können auch ältere Arbeiterinnen wieder anfangen, Wachs herzustellen oder die Brutpflege übernehmen. Aufgaben im Bienenstock können auch übersprungen werden, wenn es zum Beispiel bereits genug Wächterbienen gibt, von denen immer nur einige hundert benötigt werden.

Egal, welche Aufgabe die Arbeiterinnen letztendlich übernehmen, auf jeden Fall sammeln und arbeiten sie fast durchgehend bis zu ihrem Tod für den Bien. Arbeiterinnen leben im Sommer circa sechs Wochen und im Winter bis zu sechs Monate.

DROHNEN

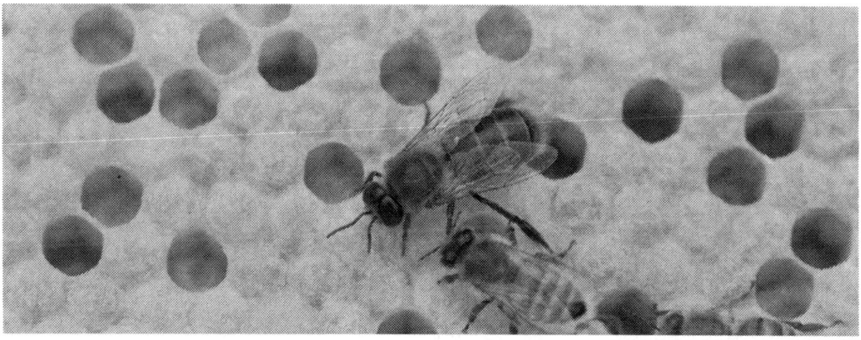

Nur von circa April bis Juli werden die Männchen (Foto, oben) im Bienenvolk aufgezogen. Sie besitzen keinen Stachel, denn ihr Begattungsapparat füllt den Großteil des Hinterleibes aus.

Die Männchen des Bien sind einzig und allein für die Befruchtung der jungfräulichen Königinnen von Mai bis Juli zuständig. Da es jedoch nur die stärksten und damit nur sehr wenige Drohnen schaffen, eine Königin auf dem Hochzeitsflug außerhalb der Behausung zu befruchten, leben die Drohnen meist ein zwangloses Leben. Sie lassen sich von den Arbeiterinnen füttern und versorgen, dürfen in jedem Bienenvolk der Umgebung einkehren und müssen sich um nichts weiter kümmern, als ihre großen Augen auf die jungen Königinnen zu richten. Um der Inzucht vorzubeugen, sind die Drohnen eines jeden Volkes für die Begattung der Königinnen anderer Völker zuständig. Es werden in jedem Bienenvolk somit immer Drohnen aufgezogen, auch wenn ein Volk bereits eine befruchtete Königin besitzt. Bei einer erfolgreichen Paarung geben diese dann die volkseigenen Gene an stockfremde Königinnen weiter. Durch die Vielzahl an Bienenvölkern in einer Umgebung und den Paarungsakt in der Luft ist sichergestellt, dass Drohnen und Königin aus einem einzigen Volk sich kaum miteinander paaren können. Eine Drohne hat eine Lebensspanne von vier bis fünf Wochen, jedoch nur, wenn es die Drohne in ihrem Leben nicht schafft, eine Königin zu begatten. Gelingt es ihr dagegen, stirbt die Drohne bereits beim Paarungsakt, da das Geschlechtsorgan komplett aus dem Körper gestülpt wird.

Spätestens im Herbst müssen dann jedoch alle Drohnen den Bienenstock verlassen und werden von den Arbeiterbienen vor die Tür gesetzt. Diese sogenannte Drohnenschlacht ist ein natürlicher Prozess des Bien, um sich auf den Winter vorzubereiten. Jedes Bienenvolk duldet die Drohnen nur so lange, wie sie für die Begattung von Bienenköniginnen wirklich gebraucht werden. Das ist nur von Mai bis Juli der Fall. Da ein Bien im Frühjahr jederzeit wieder in der Lage ist, neue Drohnen aufzuziehen, werden die Männchen somit ab August aus dem Volk geworfen. Zudem ist so für das einzelne Volk im Winter der Futterverbrauch geringer, da keine Drohnen mitgefüttert werden müssen.

An diesem Beispiel kannst du sehr gut erkennen, dass die Natur in allen Bereichen versucht, das Leben so effektiv und energiesparend wie möglich zu gestalten.

BIENENKÖNIGIN

In ihrem Hinterleib wachsen im Frühling und Sommer unaufhörlich neue Eier heran. Je nach Zellgrösse und Form werden die Eier mit einem Samen befruchtet (Arbeiterinnen / Königinnen entstehen) oder unbefruchtet abgelegt (Drohnen entstehen).

Die Königin hat die Aufgabe, dem Bien fortlaufend neues Leben zu schenken. In jedem Bienenvolk gibt es nur eine einzige Königin, die fast das ganze Bienenjahr über Eier legt. Zudem sorgt sie mit ihrem Duftstoff (Königinpheromon) für den Zusammenhalt des Volkes.

Die Legeleistung einer Bienenkönigin variiert im Bienenjahr und kann je nach Jahreszeit von null Eiern pro Tag im November und Dezember bis zu zweitausend Eiern an manchen Tagen im Mai und Juni schwanken. Das Legen der Eier wird auch Stiften genannt, und die Königin wird dabei von den Arbeiterinnen umsorgt, geputzt und gepflegt, denn sie soll sich ganz auf den Nachwuchs des Bienenvolkes konzentrieren können. Eine Bienenkönigin kann bis zu sechs Jahre alt werden.

Nachdem du die drei Bienenwesen kennst, darf ich dir nun detaillierter die Villa der Bienen vorstellen, oder anders ausgedrückt, den Ort, an dem die Bienen am liebsten wohnen.

Wie Bienen am liebsten wohnen

Honigbienen leben am liebsten in Baumhöhlen, und da diese wie fast alles in der Natur unterschiedlich ausfallen, ziehen die Bienen im direkten Vergleich bestimmte Eigenschaften vor. Bei der Wohnungssuche werden beispielsweise Baumhöhlen bevorzugt, die ein Volumen von vierzig Litern haben und mit einem Einflugloch von dem Durchmesser eines kleinen Hühnereis ausgestattet sind[8].

Eine leere Baumhöhle lädt insbesondere Honigbienen ein, darin ihr Nest zu errichten. Das Einflugloch des Vormieters – vielleicht ein Specht – ist mit dem geübten Auge leicht zu erkennen.

Dies Raumgröße von circa vierzig Litern ist in den Millionen Jahren ihrer Entwicklung für die Bienen zum entscheidenden Auswahlkriterium für eine geeignete Behausung geworden. Vierzig Liter Raumvolumen sind für den Bien auf der einen Seite groß genug, um Platz für die Brut zu haben und einen ausreichenden Vorrat für den Winter anzulegen. Auf der anderen Seite sind vierzig Liter klein genug, um das Gleichgewicht zwischen dem Erstellen des Honigvorrats und dem Hygieneverhalten des Bien bewahren zu können.

Die Größe und Lage des Einfluglochs ist zudem ein wichtiges Kriterium. An diesem Eingang entscheidet sich zum einen, ob sich der Bien erfolgreich vor Angreifern verteidigen oder leichtfertig ausgeplündert werden kann.

Auf der anderen Seite bestimmt die Lage des Einfluglochs den Wärmehaushalt des Volkes. Wärme steigt immer nach oben, deswegen vermeidet ein Flugloch am unteren Ende der Baumhöhle effektiver den Wärmeverlust.

WÄRMEISOLATION

In Bäumen von mehreren Metern Umfang sind Baumhöhle und Außenwelt auf ganz natürliche Weise durch mehrere Dezimeter dicke Holzwände getrennt.

Neben dieser natürlichen Isolation sorgt auch der begrenzte Raum der Baumhöhle dafür, dass nicht übermäßig viel Wärme erzeugt werden muss, um das von den Bienen bevorzugte Volumen ausreichend und lange warm zu halten.

Der geringe Wärmeverlust von Baumhöhlen spart so reichlich Arbeit für die Arbeiterinnen des Bien, die als Heizerbienen tätig sind. Auch müssen generell weniger Arbeiterinnen dem Heizen nachgehen, sie können sich stattdessen um andere wichtige Aufgaben kümmern, wie zum Beispiel die Hygiene in der Baumhöhle. Auch bei sommerlichen Temperaturen müssen durch die isolierenden Eigenschaften der Baumhöhle weniger Arbeiterinnen Wasser sammeln und den Bienenstock kühlen.

FEUCHTIGKEITSREGULATION

Neben den positiven Eigenschaften der Baumhöhle im Hinblick auf den Wärmehaushalt, sorgt auch die Feuchtigkeitsregulation eines Baumstamms für ein angenehmes Klima in der Bienenwohnung.

Das in der Höhle vorkommende Totholz kann Feuchtigkeit sehr gut aufnehmen und entlastet damit die Arbeiterinnen, die durch Ventilation mit ihren Flügeln die Feuchtigkeit in der Baumhöhle regulieren.

Wie bei der Wärmeregulation gilt auch bei der Regulation der Feuchtigkeit: Die Baumhöhle nimmt dem Bien Arbeit ab. Es stehen insgesamt so mehr Arbeiterinnen des Volkes für andere wichtige Aufgaben, wie die Hygiene, zur Verfügung.

Wie wichtig Händewaschen, gute Hygiene und Desinfektion auch für uns Menschen ist, wissen wir spätestens seit der Coronapandemie und so ist es nicht verwunderlich, dass auch Bienen, die zu Tausenden dicht an dicht zusammenleben, in ihrer Baumhöhle krankmachende Keime und Sporen bereits im Ansatz bekämpfen und somit auch aktiv die Ausbreitung von Viren unterbinden.

Ohne Abwehrmechanismen der Bienen zum Beispiel gegen Pilzsporen wäre die Gefahr viel zu groß, dass sich Krankheiten ungehindert von einer Biene zur anderen ausbreiten und sich innerhalb kürzester Zeit das ganze Volk infiziert.

Doch wie sorgen die Bienen nun dafür, dass Krankheiten in der Baumhöhle keine Chance haben?

Sie desinfizieren ihre komplette Höhle mit einem biologischen Desinfektionsmittel. Dabei greifen die Bienen jedoch nicht wie wir auf zum Beispiel Alkohol zurück, sondern sie nutzen das besondere Naturprodukt

Propolis. Das ist ein antibakterieller Wirkstoff, den die Bienen unter anderem aus Baumharzen und selbst hergestelltem Bienenwachs erzeugen.

In der Bienenwohnung werden nicht nur die Innenwände der Höhle mit Propolis tapeziert, sondern auch die Inneneinrichtung bekommt einen keimfreien Anstrich aus Propolis.

Da frischer Nektar bis zu 70 % Wasser enthält[9], fertiger Honig jedoch nur noch 18 %, können selbst bei der effizientesten Feuchtigkeitsregulation der Arbeiterinnen Wassertröpfchen in der Baumhöhle entstehen. Zusammen mit einer Raumtemperatur bis zu 36°C im Bienenvolk würde dies innerhalb kürzester zu Schimmelbildung im Bienenstock führen.

Mit einer Propolisschicht an den Innenwänden der Baumhöhle zeigen die Bienen jedoch auf beeindruckende Weise, wie sie einen Nachteil in einen Vorteil umwandeln. Denn entstehen Wassertröpfchen an der propolisierten Innenwand der Baumhöhle, werden diese mit Propolis durchtränkt und wandeln sich so zu medizinisch wertvollen Säften um, die von den Bienen getrunken werden.

Zusätzlich wird durch das Verdunsten dieser Propolis-Wassertröpfchen eine gesundheitsförderliche Raumluft im Bienenvolk erzeugt. Mit seinen Forschungsarbeiten konnte Torben Schiffer nachweisen, dass die Stockluft in natürlichen Baumhöhlenwohnungen der Bienen steril war und die dort lebenden Bienen keine krankmachenden (pathogenen) Keime wie zum Beispiel Schimmelpilze aufwiesen[10].

Beeindruckender können Bienen nicht sein, oder? Doch ein Bienenvolk ist noch zu weitaus Erstaunlicherem fähig.

INNENEINRICHTUNG

Das Leben der Bienen innerhalb einer Baumhöhle spielt sich auf vielen kleinen, sechseckigen Zellen ab, die aus Bienenwachs hergestellt und zu einer Wabe angeordnet sind.

Die einzelnen Bienenwaben hängen von der Decke der Baumhöhle herunter und sind fast immer mit den Seitenwänden des Innenraums fest verbunden (Stabilbau), jedoch in der Regel niemals mit dem Boden der Behausung. Mehrere Waben werden von den Bienen nebeneinander gebaut. Sie wirken wie Raumteiler und schaffen innerhalb der Baumhöhle einzelne Zimmer, die zwischen den Waben liegen und nur nach unten geöffnet sind. Durch den festen Verbau der Bienenwaben sowohl mit den Wänden als auch mit der Decke, ist ein Wechseln der Zimmer für die Bienen nur auf einem Weg möglich. Sie müssen am unteren Ende der einzelnen Waben hindurchkrabbeln, denn nur dort ist die Wabe nicht mit der Behausung verbunden.

Was für einzelne Bienen einen längeren Weg von einem Zimmer (Wabengasse) zum anderen bedeutet, ist für den Bien insgesamt ein weiterer großer Gewinn für die Wärmeregulation, da die Zimmer die aufsteigende Wärme sehr gebündelt halten. In den Wabengassen, der richtige Ausdruck als Imker*in für die Zimmer, entstehen regelrechte Wärmekammern.

1946 zitierte Johann Thür bereits in seinem Buch von der „Nestduftwärme" und der Tatsache, dass *„[d]ie Waben […] in der von der Schöpfung den Bienen zugewiesenen Wohnung, dem hohlen Baumstamm, […] festgebaut [sind] […]; im Winter kann daher die Wärme der Wintertraube nicht […] abströmen, […] Wärmeverlust, Zugluft, Stocknässe […] sind vermieden"*[11].

Das Leben der Bienen findet in den beschriebenen Wabengassen statt, die ebenfalls durch das bieneneigene Desinfektionsmittel Propolis verstärkt werden. Dabei verstauen die Bienen den Vorrat an Honig immer so weit weg wie möglich vom Flugloch. Die Zellen mit Brut bzw. das Brutnest liegt dann immer zwischen Flugloch und Honigvorrat. In der Baumhöhle befindet sich das Brutnest somit nah am Flugloch. Es ist für die Bienen weniger wertvoll als der Wintervorrat, da die Brut leichter ersetzt werden kann.

Das gesamte Brutnest kann sich über mehrere Waben erstrecken und ist häufig an den Seiten von Waben mit Honig und Pollen umgeben.

Zwischen dem Honigvorrat und der Brut befindet sich meist ein sogenannter Pollenkranz. Das sind Zellen, die mit Blütenpollen gefüllt sind. Dieser für die Brut notwendige Eiweißlieferant ist somit rasch für die Ammenbienen zur Fütterung der Larven verfügbar.

Eine Pollensammlerin bringt am letzten Hinterbeinpaar frisch gesammelte Pollen in das Volk (Mitte). Dieser wird in den Zellen neben der Brut abgelegt und von dort aus weiterverarbeitet.

Durch das rege Treiben der Bienen sammelt sich auf dem Boden einer jeden Bienenwohnung Abfall, dazu gehören Wachsstücke, Pollenkörner und anderes mehr, jedoch nicht die Bienentoilette. Diese befindet sich außerhalb der

Behausung. Am Boden der Baumhöhlen entsteht durch die Abfälle, also sprichwörtlich den Dingen, die von dem Bien abgefallen sind, ein kleines Biotop für andere Kleinstlebewesen, wie beispielsweise dem Bücherskorpion. Dieser kann unter Umstände den Bienen ebenfalls helfen, Parasiten und Krankheiten zu minimieren, da er liebend gerne Varroamilben frisst, die du später noch kennenlernen wirst.

Wie mächtig das Wissen über diese natürlichen Zusammenhänge ist, wurde mir klar, als ich mich auf meiner Reise zu den Imkereien der Welt befand.

Für die Bienen gab es an vielen landwirtschaftlich geprägten Orten in Kalifornien (USA) weder natürliche Nistplätze wie Baumhöhlen noch eine dazugehörige vielfältige Pflanzenwelt als Nahrungsgrundlage.

Stattdessen war die Landschaft geprägt von riesigen Wallnussplantagen bis zum Horizont oder Reisfeldern so weit das Auge reichte. Trotzdem wurden Bienenvölker dort in imkerlichen Beuten gehalten. Nektar ersetzten wir mit Zuckerwasser und Pollen wurden in Form von Sojaproteinen als Pollen-Patties zugefüttert.

Diese menschliche Leistung, Kreisläufe der Natur in Einzelteile zu zerlegen und wieder zusammenzusetzten, ist auf der einen Seite erstaunlich. Denn in diesen landwirtschaftlich geprägten Gebieten Kaliforniens würden Honigbienen auf natürliche Weise überhaupt nicht leben können. Mit Hilfe des Menschen tun sie es dennoch, weil der Mensch Ersatznahrung überall hinbringen kann. Es funktioniert, die Bienen überleben. Die entscheidende Frage für mich war jedoch, ob die Honigbienen dort wirklich gelebt haben? Davon war ich überhaupt nicht überzeugt, denn das wirkliche Leben der Honigbienen findet für mich in einer intakten Naturlandschaft statt, die die Bienen ohne menschliches Zutun versorgen kann!

Was für mich ebenfalls jedes Mal aufs Neue vom puren Leben der Bienen zeugt, ist die natürliche Vermehrung der Bienenvölker. Dieses Phänomen schauen wir uns im nächsten Abschnitt an. Wenn Tausende Bienen in der Luft schwärmen und ich sehe, wie sich eine riesige Bienentraube nach und nach an einem Ast versammelt, dann lebt die Natur und die Luft summt wie ein ganzes Orchester mit vielen kleinen Glücksbringern.

Im folgenden Abschnitt lernst du einen Bienenschwarm kennen, dem du jetzt unbedingt einen Namen geben solltest, denn er wird uns durch das ganze weitere Kapitel begleiten. Ist dir schon ein Name eingefallen? Wie heißt dein Schwarm? Das würde mich jetzt wirklich interessieren, vielleicht Maja oder Willi? Ich bin sicher, dir fällt schon ein passender Name ein.

Nachdem du also in diesem Kapitel bereits das Wesen Bien mit seinen Tieren, der Behausung und dem Wabenbau kennengelernt hast, wirst du den folgenden Abschnitt mit deinem Schwarm ....Honey................... (gern Namen eintragen) verbringen. Zusammen werden wir im weiteren Verlauf dieses ersten Kapitels deinen Schwarm in seinem Leben begleiten und schauen, wie sich sein Leben über das Bienenjahr gestaltet.

Bist du startklar? Dann schwärmen wir los.

Der Schwarm

Dein persönlicher Bienenschwarm mit circa zehntausend Bienen und einer Königin, die sich im Innern der Schwarmtraube aufhält.

Kommt es in einem Bienenvolk im Mai bis Juli zu Platzmangel, weil die einzelnen Zellen der Waben so gut wie alle gefüllt sind und die Volksstärke ihren Höhepunkt erreicht hat, dann vermehren sich Bienenvölker, indem sie schwärmen. Das überfüllte Muttervolk legt zunächst Königinnenzellen (auch Weiselzellen genannt) an, aus denen später die neuen Königinnen des Muttervolkes schlüpfen. Gleichzeitig stellt die alte Königin noch vor dem Schwärmen das Eierlegen ein. Ihre Eierstöcke bilden sich daraufhin zurück, was für ein Gewichtsverlust sorgt. So ist die alte Stockmutter flugfähig und kann ihre alte Baumhöhle verlassen. Mit etwa 70 % der flugfähigen Arbeiterbienen[12] bildet die alte Königin außerhalb ihrer ehemaligen Höhle nun einen Bienenschwarm.

Schwärmt ein Bienenvolk, dann verlässt immer nur ein Teil des Muttervolkes die vertraute Behausung und sucht sich als Schwarm eine neue Wohnung.

Der zurückbleibende Teil des Volkes behält hingegen den Honigvorrat, die Brut und mehrere Weiselzellen, aus denen wieder neue Königinnen schlüpfen. Nur eine Königin wird sich am Ende gegen ihre Schwestern durchsetzen und darf das Muttervolk wieder mit Nachkommen versorgen.

Der Bienenschwarm hängt dagegen in unmittelbarer Umgebung der Altwohnung, zunächst einmal beispielsweise an einem Ast, bis die sogenannten Spurbienen (oder Erkunderbienen) der Arbeiterinnen[13] den Schwarm zu einer neue Behausung geleiten. Während der größte Teil der Schwarmbienen somit in der Traube hängt, bewegen sich die Spurbienen auf der äußersten Schicht der Traube, sie kommunizieren untereinander und tauschen sich über mögliche Behausungen und deren Vorzüge aus. Honigbienen kommunizieren übrigens hauptsächlich über Duftstoffe (Pheromone) und mittels einer Tanzsprache, mit der sie in der Lage sind, präzise Angaben über eine Futterquelle oder den Ort einer neuen Behausung zu machen.

Dass Bienen tanzen, um Artgenossen auf einen Ort aufmerksam zu machen, ist etwas wirklich Faszinierendes und Einzigartiges. Nur die wenigsten Tiere können ihren Artgenossen etwas so präzise mitteilen wie Bienen. Entdeckt wurde der Bienentanz vom deutschsprachigen Bienenforscher Karl von Frisch, der für seine Entdeckung 1973 sogar den Nobelpreis erhielt.

Haben sich die Spurbienen unseres Schwarms einmal auf eine Behausung geeinigt, dann ist es soweit. Zehntausende Bienen und die Königin machen sich auf den Weg. Die nur wenigen hundert Spurbienen leiten den gesamten Schwarm zur neuen Unterkunft, in der die Bienen dann direkt zu den Renovierungsarbeiten übergehen.

Da ist eine Menge los in nur einem Bienenschwarm, oder?

Dann warte mal ab, denn sobald dein Schwarm in seine neue Wohnung eingezogen ist, geht es erst so richtig los mit dem spannenden Leben unseres Bienenschwarms!

Nestbau und Vermehrung

Die neue Behausung wird von den Bienen sofort mit Propolis tapeziert und mit Waben bestückt, damit so bald wie möglich mit der Aufzucht neuer Arbeiterinnen bzw. Drohnen begonnen werden kann. Der Nestaufbau und die erneute Aufzucht von Bienen dauert nur wenige Wochen.

So wie die Wände der Baumhöhle, werden auch die Zellränder der Waben mit Propolis überzogen. Dieser antibiotische Wirkstoff lässt die Bienenlarven (rechts unten) in einem hygienischen Umfeld aufwachsen.

Wenn der Schwarm Glück hat, dann lässt sich der Aufbau einer neuen Behausung auch stark verkürzen. Das ist der Fall, wenn die Spurbienen eine Baumhöhle ausgewählt haben, die bereits einmal von Bienen besetzt war. Hat ein ehemaliges Muttervolk seine Behausung komplett aufgegeben (zum Beispiel durch zu vieles Schwärmen) oder ist im Winter verstorben, dann kann es vorkommen, dass das Wabenwerk der Vorgänger noch vorhanden ist und nicht komplett neu aufgebaut werden muss.

Meist hat die Natur das alte Wabenwerk jedoch bereits recycelt. Ist eine verlassene Baumhöhle noch mit etwas Honig, Brut oder Pollen gefüllt, dann ist sie nicht nur für Vögel ein Festschmaus, sondern auch für Wachsmotten. Die letzten Pollen oder Bienenlarven in den unbewohnten Waben werden von ihnen aufgefressen. Wachsmotten legen ihre Eier auf die Bienenwaben und sobald die Larven der kleinen bzw. großen Wachsmotte schlüpfen, fressen sie sich durch die Waben der Bienen, wodurch diese zerfallen. Die Natur mit ihrer Vielfalt recycelt wirklich alles und für unseren Bienenschwarm bedeutet das unter Umständen, dass er trotz Vorbesitzern die Inneneinrichtung komplett neue aufbauen muss. Manchmal jedoch auch nicht, dann hat er Glück.

Die große Wachsmotte (unten links) sitzt auf einer bienenverlassenen Wabe. Ihre Larven haben bereits angefangen, die Wabe zu durchfressen. Dabei haben sie Mottenweben und Kot hinterlassen.

Im Verlauf des Bienenjahres schwärmen Bienenvölker meist von Mai bis Juli. Nehmen wir also einmal an, dass unser Schwarm seine neue Baumhöhle bereits eingerichtet hat und seit Mai in der neuen Behausung lebt. Dann ist aus unserem Schwarm, durch den Wabenbau, die Aufzucht von neuen

Arbeiterinnen und Drohnen, wieder ein vollwertiger Bien geworden. Im ersten Sommer wächst die Volksstärke je nach Volumen der Behausung von anfänglich etwa 10.000 Bienen auf bis zu 40.000 Bienen.

Eine Königin legt den Grundstein für das jährliche Wachstum eines Volkes. In den Spitzenabschnitten ihrer Eierschläuche bilden sich die Eier, die durch die Zellen in ihren Nährkammern an Größe gewinnen[14]. Kurz vor dem Legen eines fertigen Eis entscheidet die Königin anhand der Zellgröße, ob sie in eine jeweilige Zelle ein befruchtetes oder unbefruchtetes Ei legt.

Wird ein fertiges Ei beim Legen mit einem Spermium versehen und damit befruchtet, dann schlüpft aus der Brutzelle nach drei Tagen eine kleine Larve und nach achtzehn Tagen wird daraus eine Arbeiterbiene. Die Entwicklung vom Ei bis zur fertigen Arbeiterbiene benötigt somit insgesamt einundzwanzig Tage.

In größere Zellen werden dagegen unbefruchtete Eier gelegt, und daraus schlüpfen nach vierundzwanzig Tagen die Drohnen. Männliche Bienen haben demnach keinen Vater. Hast du das schon gewusst? Ich finde es jedes Mal spannend, darüber zu schreiben.

Zwar ist die Königin für das Wachstum unseres Bien verantwortlich, doch es sind insgesamt gesehen die Arbeiterinnen, die bei der Brutaufzucht am meisten involviert sind: Sie pflegen, füttern und putzen die Königin und übernehmen so gut wie alle Aufgaben im Bienenstock, insbesondere die Brutpflege. Auch geben die Arbeiterinnen durch die Zellengröße und -form vor, ob die Königin ein unbefruchtetes oder ein befruchtetes Ei legen wird.

Wintervorbereitungen des Bien

Der Bien, den du und ich in diesem Buch begleiten, beginnt wie die anderen Bienenvölker im August mit den Wintervorbereitungen. Die ersten Winterbienen werden aufgezogen und es findet die bereits erwähnte Drohnenschlacht statt. Die Natur ist in allen Bereichen sehr sparsam, da sind die Honigbienen keine Ausnahme. In einem Bienenvolk überwintern so in der Regel nur die Arbeiterinnen und eine Königin. Die Drohnen werden (manchmal unsanft) ab August aus dem Volk geworfen.

Der Honigvorrat des Bien ist über das Frühjahr und den Sommer ständig gewachsen, weil Bienen ein starkes Bedürfnis nach Vorratssicherheit haben. Das bedeutet, dass die Arbeiterinnen eines Volkes so lange vor allem Nektar sammeln, bis der Platz für den Honigvorrat in der Behausung komplett gefüllt ist. Mehr Raumvolumen für den Wintervorrat in der Bienenwohnung bedeutet somit immer, dass die Bienen für den Wintervorrat mehr Arbeit in die Honigproduktion stecken. Sie leisten diese Arbeit solange, bis der Raum komplett gefüllt ist. Denn spätestens, wenn die Natur nicht mehr genügend Ressourcen für den Honig hergibt, müssen die Bienen genug für den Winter gesammelt haben.

Im Herbst sind Honigbienen sogar so sehr darauf bedacht, ihrem eigenen Volk genügend Wintervorrat zu besorgen, dass sie andere, schwächere Bienenvölker regelrecht überfallen. Bei der Räuberei unter Bienenvölkern stehlen die Arbeiterinnen aus starken Völkern den schwächeren ihren kompletten Honigvorrat. Seines Vorrats beraubt, wird das schwache Volk den Winter nicht überleben und sterben. Dieses fast brutal erscheinende Phänomen der Räuberei unter Bienenvölkern zeigt jedoch wieder einmal eine klare Regel der Natur: Nur die am besten angepassten Tiere werden langfristig überleben. In diesem Fall überleben nur die Bienenvölker, die vor dem Winter in der Lage sind, ihren Vorrat auch gegen räubernde Artgenossen zu verteidigen.

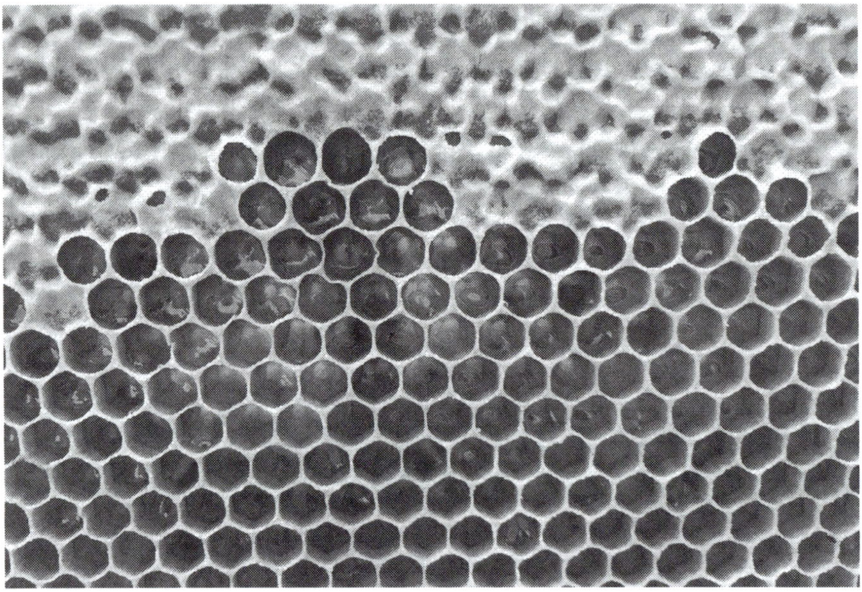

Eine volle Honigwabe bietet Vorrat für den langen Bienenwinter.

Übersteht unser Bien mögliche Angriffe im Herbst und konnten die Bienen seit ihrem Einzug im Mai reichlich Nahrung sammeln, dann hat das Volk allerspätestens im Herbst genügend Honig eingelagert. Bei einer Baumhöhle von vierzig Litern benötigt der Bien einen Wintervorrat von circa zwei bis drei Kilogramm Honig[15], den das Volk über den Winter in Wärme umwandelt und sich so am Leben erhält.

Indem die Arbeiterinnen noch vor dem Winter jede Menge Blütenpollen als Eiweißlieferant fressen, wächst ihr Fettkörper. Durch die fehlende Sammelaktivität und den angefressenen Eiweißvorrat schaffen es im Herbst schlüpfende Arbeiterbienen, die lange Zeit des Winters zu überstehen. Winterbienen werden so um die sechs Monate alt, Sommerbienen dagegen nur circa sechs Wochen.

Bienen im Winter

Honigbienen überwintern innerhalb ihrer Behausung, sie benötigen keinen weiteren Rückzugsort.

Das funktioniert dank ihres Vorrats an Honig, dem selbst angelegten Eiweißvorrat in ihrem Körper und nicht zuletzt durch die wärmeisolierenden Eigenschaften der Baumhöhle. Ab einer Temperatur von 12°C bilden die Winterbienen mitsamt der Königin eine Kugel, die sogenannte Wintertraube. Sinkt die Temperatur weiter ab, rücken die Bienen in der Wintertraube immer weiter zusammen, denn das verhindert Wärmeverlust und spart Energie.

Während sich die Korkenzieher-Hasel (Corylus avellana Contorta) auch bei Schnee bereits auf den Frühling vorbereitet, sind die Bienen längst noch nicht für einen Ausflug bereit.

Die Bienentraube im Winter besteht aus mehreren, in sich rotierenden Schichten, die von außen nach innen immer wärmer werden.

Die Bienen wechseln selbstverständlich ihren Platz in der Traube, sodass jede Arbeiterbiene einmal in den Genuss der höheren Temperaturen im Innern der Traube kommt. Das klappt auch, obwohl sich die Bienen der Traube über mehrere Wabengassen verteilen.

Ganz im Zentrum der Wintertraube ruht die Königin, und während die Bienen auf der äußersten Schicht eine Art Schutzhülle bilden, wandeln die Arbeiterinnen unter dieser Schutzschicht den Honigvorrat in Wärme um.

Dabei kommt etwas zum Einsatz, was du vom Autofahren kennst: Die Bienen nehmen den Gang raus und geben ordentlich Gas. Wie ein Auto im Leerlauf erzeugen Honigbienen durch ihren auf Hochtouren laufenden Flügelmotor Wärme. Sie entsteht durch die Muskelbewegungen ihrer ausgekoppelten Flügel. Wie beim Automotor wird auch bei den Bienen die Energie dann nicht für die Fortbewegung genutzt, sondern ausschließlich, um in regelmäßigen Abständen Wärme zu erzeugen.

Durch den ständigen Wechsel von Aufheizen und Abkühlen erhält sich der Bien im Winter am Leben. Auf den Waben wandert der Bien in seiner Traube dabei die Baumhöhle hinauf, immer dem Honig nach. Durch seine Fähigkeit Honig in Wärme umzuwandeln beziehungsweise selbst für Wärme im Winter zu sorgen, kann ein Bienenvolk, selbst bei minus 11°C Außentemperatur, im inneren Brutbereich der Traube für eine Temperatur von 33°C sorgen[16]. So lässt sich auch die Kälte des Winters gut aushalten.

Frühling für den Bien

Ab April sind die Wintervorräte fast aufgebraucht und die Bienentraube hat sich bis an die Decke der Höhle vorgearbeitet. Die Außentemperaturen steigen wieder und vor allem werden die Tage nach dem 21. Dezember langsam wieder länger. Der Bienenfrühling naht.

Im Frühling heißt es wieder Pollenbaden für die Bienen. Auch Krokusarten wie der Elfen-Krokus (*Crocus tommasinianus*) *liefern frische Pollennahrungen nach dem langen Winter.*

Ab 12°C Außentemperatur erkunden die Honigbienen das erste Mal im neuen Bienenjahr die Umgebung außerhalb ihrer Behausung. Zusätzlich müssen sie dabei etwas loswerden, was sie während der vergangenen Monate angesammelt haben: Die Winterbienen müssen ihre Kotblase kräftig entleeren!

Honigbienen sind sehr reinlich und die Arbeiterinnen lagern im Winter alle Überreste ihrer Verdauung in einer extrem dehnfähigen Kotblase. Damit die

Verdauungsreste des Winters überhaupt alle Platz in der Kotblase finden, entziehen die Bienen ihrem Kot einiges an Wasser. Das ist deutlich platzsparender. Bis auf wenige Ausnahmen gehen die Bienen immer außerhalb des Bienenstocks zur Toilette und da dies aufgrund der Kälte im Winter nicht möglich ist, wird der Toilettengang im Frühling nachgeholt.

Beim Reinigungsflug, der meist im März stattfindet, können sich die Bienen dann endlich erleichtern. Dazu nehmen die Bienen zunächst Wasser auf, um den Kot wieder zu verflüssigen und befreien sich dann von den Altlasten des Winters.

Im weiteren Verlauf des Frühlings geht es kontinuierlich aufwärts mit der Volksentwicklung, denn immer mehr Pflanzen blühen und spenden den im Frühling so wichtigen Pollen.

Schon im Januar hat die Königin begonnen, einige wenige Eier zu legen, sodass die Bienen verborgen im Innern der Baumhöhle ein kleines Brutnest warm halten. Im Mai erstreckt sich dieses Brutnest dank frischem Pollen und neuem Honig schon über mehrere Waben und immer mehr junge Bienen schlüpfen und vergrößern das Volk. Je nach Behausung wächst der Bien von den 5000 bis 10.000 Bienen im Winter auf eine Volksstärke von bis zu 40.000 Bienen im Juni an.

Hauptsaison im Bienenvolk

Spätestens im Mai beginnt die dreimonatige Hauptsaison der Bienen, denn die Natur lässt ihre Muskeln spielen und gibt mit all ihrer Kraft den Geschöpfen der Welt ein neues Lebensgefühl.

Mitte April fängt der Löwenzahn an zu blühen und spendet reichlich Nektar. Auch bei den Kirschbäumen kannst du meist zur Mitte des Aprils hin beobachten, wie sich die Blüten öffnen. Im April und Mai blühen Apfel- und Ahornbäume und durch die Größe der Bäume sammeln nicht nur Honigbienen viele Nektartropfen. Auch Schmetterlinge, Wespen, Wildbienen und anderen Insekten erfreuen sich an dem zuckerhaltigen Pflanzensaft.

Sobald die Kirschbäume (Prunus avium) blühen, kommt aus der Natur mehr Nektar in das Bienenvolk, als die Bienen zu dieser Jahreszeit selbst verbrauchen. Nun wird der nächste Wintervorrat erneut angelegt.

Ein Kilogramm eingelagerter, reifer Honig im Bienenvolk besteht dabei aus drei Kilogramm Nektar, dem die Bienen schon bei der Aufnahme Enzyme hinzugeben. Im Bienenstock wird dem „Nektar-Enzymgemisch" kräftig Wasser entzogen, sodass der reife Honig schließlich weniger als 20 % Wasserfeuchtigkeit aufweist.

Honigbienen sammeln im Übrigen nicht nur Nektar von Blüten, die sie im Flugradius von circa drei Kilometern um ihre Baumhöhle finden. Neben Nektar lieben Bienen Honigtau, den sie ebenfalls als Grundlage für ihren Honig einsammeln.

Honigtau entsteht, wenn Zikaden und vor allem Blatt- und Schildläuse die Leitungsbahnen der Bäume und Pflanzen anzapfen, um sich vom zuckerhaltigen Pflanzensaft zu ernähren. Dabei kommt es bei den Läusen zu einem Überschuss an Zucker, den sie abgeben müssen, um nicht zu zerplatzen. In Form von kleinen Tropfen geben die Läuse dann Honigtau ab, der nicht nur gerne von Ameisen, sondern auch von unseren Honigbienen eingesammelt wird.

In der Hauptsaison blüht so ziemlich alles, was die Natur nach dem Winter anzubieten hat und zunehmend werden die Zellen der Waben in der Baumhöhle gefüllt. Der freie Platz für neuen Honig oder Pollen schwindet, bis ein ausreichender Vorrat angelegt ist. Dieser fehlende Platz und der ausreichend große Vorrat für das Muttervolk sorgten in der Zeit zwischen Mai und Juli maßgeblich für den gemeinsamen Entschluss des Bien sich zu teilen. Das Volk schwärmt.

In Kanada konnte ich eindrucksvoll beobachten, wie stark sich Völker im Frühjahr vermehren können, und das war wirklich erstaunlich. Die Imker dort hatten hunderte Völker, die wir alle vier Wochen besuchten. Waren in der imkerlichen Beute beim ersten Besuch noch zwei Waben mit Brut belegt, so waren es nach einem Monat ganze acht Brutwaben. Ich staunte nicht schlecht, als ich feststellte, dass sich ein Volk innerhalb von vier Wochen um 400 % vergrößert hatte.

Während wir in Kanada als Berufsimker das Volk nicht schwärmen ließen, sondern selbst teilten (mehr dazu in Kapitel 3), ist es bei einem derartigen Wachstum nicht verwunderlich, dass sich Völker in freier Natur schon im Mai teilen und schwärmen. Völker in Baumhöhlen schaffen es sogar zweimal in einer Saison zu schwärmen, damit verdreifacht sich das Muttervolk in nur einer Saison.

Schon in meiner frühen Schulzeit war ich von Bienen fasziniert und konnte einmal staunend tausende von Bienen vor dem Eingang eines Altenheims an einem Ast hängend beobachten.

Vor gut zehn Jahren erhielt ich damals einen Anruf der Polizei, die fragte, ob ich so einen Schwarm Bienen wieder einfangen könnte. Natürlich fing ich den Schwarm liebend gerne ein. So fühlte ich mit siebzehn Jahren schon, dass ich diesen Teil der Imkerei ganz besonders lieben würde: Bienenschwärme einfangen und Menschen darüber aufklären, was kleine Bienen in einem großen Schwarm für eine Faszination auslösen können. Das begeistert mich seit jeher beim Imkern.

Wie ein Bienenschwarm eine neue Behausung findet, darin einzieht und ein neues Leben beginnt, haben wir uns bereits angesehen. Doch was passiert eigentlich mit dem Teil des Volkes, der im Muttervolk zurückgeblieben ist? Um diesen Teil soll es nun gehen.

Wie du bereits gelernt hast, bleiben nach dem Schwärmen im Muttervolk die Weiselzellen, Honig, Brut und die restlichen Bienen zurück. Um den Schwarmprozess aus Sicht des Muttervolkes noch besser zu verstehen, gehen wir an dieser Stelle noch einmal kurz an den Punkt zurück, an dem der Schwarm kurz davorsteht, sein Muttervolk zu verlassen.

Acht Tage vor dem Aufbruch des Schwarms hat die alte Königin des Muttervolkes ein befruchtetes Ei pro Weiselzelle gelegt. Dieses Ei unterscheidet sich zunächst nicht von den Eiern, aus denen auch

Arbeiterinnen schlüpfen werden. Nach drei Tagen schlüpft aus jedem Ei in den Weiselzellen eine Larve, die ausschließlich mit Gelée Royal gefüttert wird. So wird das spezielle Futter der Bienenköniginnen genannt. Es ist die Form der königlichen Weiselzellen, die den Arbeiterbienen den Futterplan für die in diesen Zellen lebenden Larven vorgibt. Nur durch die Form der Weiselzelle und vor allem durch das spezielle Futter werden aus befruchteten Eiern Königinnen und keine Arbeiterbienen. Nach fünf Tagen im Larvenstadium, benötigt jede königliche Larve am achten Tag nur noch sich selbst, um zu einer fertigen Königin zu reifen. Für die letzte Verwandlung (Metamorphose) von der Larve zur fertigen Königin wird jede Weiselzelle verschlossen. Wir Imker*innen nennen das Schließen der Zelldeckel von Bienenbrut „verdeckeln". Sobald die Weiselzellen der zukünftigen Königinnen demnach am achten Tag verdeckelt sind, verlässt ein Teil des Muttervolkes frühestens die Behausung als Schwarm. Der Schwarm hat mit dem Sammeln eines Vorrats und Anlegen der nun verdeckelten Weiselzellen alles getan, um dem zurückbleibenden Teil des Muttervolkes einen Neustart zu ermöglichen.

Zwei königliche Weiselzellen (unten rechts) hängen am Rand einer Brutwabe. Nach dem dreitägigen Ei-Stadium werden fünf Tage alte Larven darin eingeschlossen. Von nun an verpuppen sie sich zu einer fertigen Königin.

Von der Eiablage bis zum Schlupf der Königinnen, aus den Weiselzellen im Muttervolk, sind sechzehn Tage vergangen. Frühestens ab dem achten Tag hat ein Teil des Muttervolkes mit der alten Königin (der Schwarm) die Behausung verlassen. Nun, am sechzehnten Tag nach Eiablage schlüpfen die ersten neuen Königinnen aus den Weiselzellen.

Da pro Volk immer nur eine Königin den Platz als Stockmutter einnehmen kann, messen sich die aus den vielen Weiselzellen schlüpfenden Königinnen zunächst in einem tödlichen Kampf. Die stärkste der neuen Königinnen geht dabei als Siegerin hervor und darf sich mit stockfremden Drohnen auf den Hochzeitsflug begeben.

Nachdem eine Königin erfolgreich durch fünfzehn bis zwanzig Drohnen[17] begattet wurde und so einen Samenvorrat von maximal sechs Millionen Spermien aufgenommen hat[18], darf sie endlich für neuen Nachwuchs im Muttervolk sorgen. Die Teilung des Volkes ist nun erfolgreich abgeschlossen, denn wir gehen davon aus, dass auch der Schwarm eine neue Behausung gefunden hat.

Ein Volk kann sich im Übrigen auch mehrmals teilen. Es kommt dabei nach dem Primärschwarm zu Nachschwärmen, die deutlich kleiner sind.

Teilt sich ein Volk mehrmals, dann fliegt zunächst die bereits begattete Altkönigin mit dem Primärschwarm davon. Mindestens acht Tage später schlüpft dann die erste jungfräuliche Königin aus den Weiselzellen. Sie wird von den Arbeiterinnen zum Flugloch eskortiert und bildet mit mehreren tausend Arbeiterinnen den Nachschwarm. Der Vorgang wiederholt sich gegebenenfalls, wenn noch ein zweiter Nachschwarm entstehen soll. Letzteres kommt in der Natur jedoch selten vor.

Da ein Nachschwarm wie der Primärschwarm eine neue Behausung finden muss, jedoch keine befruchtete Königin hat und sich zunächst mit einer unbefruchteten Königin zurechtfinden muss, ist die Volksentwicklung bei Nachschwärmen im Vergleich zu Primärschwärmen verzögert. Die unbefruchtete Königin eines Nachschwarms kann erst auf den Hochzeitsflug gehen, wenn der Schwarm in einer neuen Behausung angekommen ist.

Nachschwärme und damit kleinere Völker haben aufgrund dieser verzögerten Entwicklung weniger Zeit eine ausreichende Größe zu erreichen, mit der sie den Winter überleben können. Auch auf sehr spät im Jahr gebildete Schwärme trifft das zu.

In seinem Buch "Bienendemokratie" zitiert Thomas D. Seeley dazu einen passenden Vers.[19] Auf deutsch Übersetzung vom Verfasser:

A swarm of bees in May	*Ein Bienenschwarm im Mai*
is worth a load of hay,	*ist eine Ladung Heu wert,*
a swarm of bees in June	*ein Bienenschwarm im Juni*
is worth a silver spoon,	*ist einen Löffel aus Silber wert,*
a swarm in July	*ein Schwarm im Juli*
isn't worth a fly.	*ist keine Fliege wert.*

Nicht nur der Zeitpunkt, zu dem ein Bienenschwarm sein Muttervolk verlässt, ist entscheidend für das Überleben beider Volksteile. Auch darf das Muttervolk nicht zu viele Schwärme auf einmal ausziehen lassen. Es kommt immer mal wieder vor, dass in einem Bienenjahr so viele Nachschwärme aus nur einer Baumhöhle ausziehen, dass im Muttervolk kaum oder keine Bienen mehr übrigbleiben. In diesem Fall überlebt das Muttervolk den Schwarmprozess nicht und hat sich sprichwörtlich leer geschwärmt.

Auch Umweltfaktoren wie Parasiten wirken ständig auf Bienenvölker ein. So sind Varroamilben, die aus Asien eingeschleppt wurden und sich in der Bienenbrut vermehren, bereits seit Jahrzehnten bei uns in Europa verbreitet.

Varroamilben sind blutsaugende Spinnentiere, die sich in der Bienenbrut und auf lebenden Bienen ausbreiten. Sie ernähren sich vom Blut der Bienen

(Hämolymphe) und sind bereits mit dem bloßen Auge zu erkennen. Durch Bisse in den Körper ausgewachsener Bienen oder in deren Brut werden beim Blutsaugen durch die Milben weitere Krankheiten und auch Viren übertragen.

Renommierte Bienenwissenschaftler wie Thomas D. Seeley untersuchten im Arnot Forest (USA) die genetische Ausstattung von wildlebenden Honigbienen vor einem Befall mit der Varroamilbe und danach. Dabei konnte nachgewiesen werden, dass die Bienenpopulation wahrscheinlich durch Varroa drastisch zusammengebrochen und sich ihre Kerngene stark verändert haben[20]. So gab es auf den Chromosomen an 634 Stellen Hinweise auf eine Selektion der Bienen[21]. Im Rahmen einer Doktorarbeit wird daher die These aufstellen, dass sich die im Arnot Forest heute noch lebenden Bienen von ihren Artgenossen vor der Varroamilbe unterscheiden. Unterschiede sind dabei in ersten Untersuchungen nicht nur im Aussehen sondern auch im Verhalten festzustellen[22].

Während die bisherige normale Entwicklungszeit von Arbeiterinnen bei einundzwanzig Tagen liegt, konnte in 2006 bei sechs Völkern im Arnot Forest eine verkürzte Entwicklungszeit der Arbeiterbienen von nur achtzehn bis neunzehn Tagen festgestellt werden[23]. Da sich die Varroamilben ausschließlich in der Brut vermehren, hat eine kürzere Entwicklungszeit der Bienen immer einen Einfluss auf die Höhe der Vermehrungsrate von Varroamilben und damit den Befallsgrad der Völker. Es stehen noch weitere Untersuchungen aus, aber alles deutet darauf hin, dass die Bienen, genetisch veränderte Verhaltensweisen zeigen, die auf den Varroamilben verursachten Zusammenbruch der Bienenpopulation zurückzuführen sind. Das Entfernen von mit der Varroa befallenen Brutzellen oder eine genetische Veränderung des Dopamin-Rezeptor-Gen, wodurch die Insekten heute vermutlich besser lernen können, sind weitere Beispiele, die dieses genetisch veränderte Verhalten belegen könnten.

Nachdem die Milbe eingeschleppt wurde, gelang es nur wenigen wildlebenden Bienenvölkern mit dem Parasiten zurechtzukommen. Es überlebten nur sehr wenige Völker der Population, die bereits genetisch verankerte Verhaltensweisen zeigten (zum Beispiel eine verkürzte Entwicklungszeit) und damit beispielsweise die Vermehrungsrate der Varroamilben effektiver kontrollieren konnten. Die wenigen Völker, die die Ankunft der Varroamilben überlebt hatten, vermehrten sich wieder erfolgreich und kommen nun in ihren Baumhöhlen allein mit der Milbe zurecht.

Das Leben der Bienen unterliegt damit der natürlichen Selektion, einem evolutionären Anpassungsprinzip. Das bedeutet, dass die natürliche Selektion auch bei Bienenvölkern dafür sorgt, dass die an ihre Umwelt bestangepassten Lebewesen stets überleben werden. Im Arnot Forest überlebten die an die Milben bestangepassten Bienenvölker, die Gesamtpopulation insgesamt starb jedoch nicht. Beim Überleben der Bienen in der Natur ist damit nicht jedes Volkes entscheidend, es kommt vielmehr auf die Gesamtheit aller Bienenvölker an. Während einige sterben, vermehren sich die bestangepasstesten Bienenvölker unaufhörlich weiter.

Die Erkenntnisse über Anpassungsvorgänge von Bienenvölkern an die Varroamilben im Arnot Forest lassen sich sicherlich auch auf Bienenpopulationen in unseren Wäldern übertragen. Schließlich ist die Varroamlilbe bei uns bereits seit Jahrzehnten verbreitet und noch immer leben die Honigbienen auch in unseren Wäldern, trotz der Milbe.

Damit eine Art und ihre Populationen wie im Arnot Forest den sich wandelnden Umwelteinflüssen stets gewappnet ist, greift ein weiteres Prinzip der Natur. Demnach erzeugt eine Art immer mehr Nachkommen, als sie für das Überleben benötigt.

Wenn wir uns die wildlebenden Honigbienenvölker in Baumhöhlen ansehen, dann werden wir erkennen, dass Bienenvölker zweimal pro Jahr schwärmen können. Ein Bienenvolk verdreifacht sich somit jedes Jahr[24] und erzeugt nicht nur einen einzigen Schwarm, der bereits das Überleben einer Kolonie ausreichend sichern könnte. Der auf natürliche Weise begrenzten Raum einer

Baumhöhle ist es, der das Volk zum mehrmaligen Teilen innerhalb nur einer Saison veranlasst.

Frei nach dem biologischen Grundsatz, dass eine Art immer mehr Nachkommen erzeugt, als für den Erhalt dieser notwendig sind, schwärmen wildlebende Bienen somit gerne und häufig.

Um diesen biologischen Grundsatz noch anschaulicher zu gestalten, sehen wir uns nun ein konkretes Beispiel an, das zeigen kann, wie die Natur bereits seit Millionen von Jahren dafür sorgt, dass die Honigbienen bis heute überlebt haben.

Nehmen wir einmal an, du und ich hätten irgendwo einen unberührten Wald geerbt, der seit jeher unbewirtschaftet ist und außer der Natur und den Bienen nur uns in seinen Bann zieht.

Bei einer Ausgangspopulation von zehn Muttervölkern kann sich die in Baumhöhlen lebende Völkeranzahl innerhalb nur eines Sommers verdreifachen, wie aus Beobachtungen des Bienenforschers Schiffer hervorgeht[25]. Die zehn Muttervölker in unserem Beispiel hätten sich demnach im Durchschnitt jeweils zweimal geteilt. Die Gesamtpopulation ist nach dem ersten Sommer auf dreißig Völker angewachsen, zehn alte und zwanzig neue Völker.

Bereits im Jahr der Teilung versterben einige Völker wegen fehlender Baumhöhlen als Nistmöglichkeit. Auch die Überwinterung fordert die Kolonien heraus und nur solche Bienenvölker überleben, die es geschafft haben, genügend Vorräte anzulegen. Der berühmte Bienenforscher Thomas D. Seeley stellte dazu bereits Mitte der 70er Jahre über einen Beobachtungszeitraum von drei Jahren bei wildlebenden Honigbienen Folgendes fest: Mehr als 75 % der geschwärmten Völker starben bereits nach dem ersten Winter, während jedoch 80 % der bereits angesiedelten Müttervölker überlebten[26].

Sehr kleine Bienenschwärme von weniger als fünftausend Bienen haben es schwer, noch vor dem Winter einen genügenden Honigvorrat in einer neuen Behausung anzulegen. Häufig versterben sie deshalb des ersten Winters.

Nach dem ersten Winter hätte sich unsere fiktive Population dann wie folgt verändert: Von den zehn Muttervölkern hätten nur acht Völker überlebt (80 % Überlebensrate der Muttervölker nach Seeley). Von den zwanzig Schwärmen würden fünfzehn oder mehr Völker versterben (75 % Sterberate der Schwarmvölker oder mehr nach Seeley). Am Ende wäre die Anfangspopulation von zehn Völkern aus dem Vorjahr dennoch mit weiteren drei Völkern um 30 % gewachsen. Auch wenn somit einzelne Völker sterben, überleben die Bienen insgesamt trotzdem.

Fazit: Selbst, wenn es auch einmal schlechtere Jahre gibt, in denen nicht wie in unserem Beispiel drei Völker eine Bienenpopulation erweitern, sondern nur ein Volk zur Ausgangspopulation hinzukommt oder sogar ein Rückgang der Ausgangspopulation festzustellen ist: Die Ursprungspopulation der Bienenvölker in einer Region bleibt in der Regel dauerhaft erhalten. Die Anzahl an Bienenvölker pro Region kann dabei immer so weit wachsen, wie es die dort zur Verfügung stehenden Ressourcen (Behausungen, Nahrung, etc.) zulassen.

Betrachten wir den seit Millionen von Jahren ablaufenden Prozess der Selektion bei Honigbienen, dann sind bereits Milliarden von Bienenvölkern verstorben. In unserem kleinen Beispiel verzeichneten wir mit mindestens siebzehn verstorbenen Völkern (zwei Müttervölker, fünfzehn Schwarmvölker) ebenfalls sehr hohe Verluste.

Aber ist das jetzt schlimm?

Im wahrsten Sinne des Wortes „natürlich" nicht. Im ewigen Kreislauf der Natur gibt es wohl keine bessere Studie als die Natur selbst. Durch den natürlichen Prozess der Selektion hat die Art Honigbiene seit mindestens dreißig Millionen Jahren bis heute überlebt[27], indem zu jeder Zeit die jeweils bestangepassten Honigbienenvölker ihre Gene weitergeben durften. Und das ganz ohne uns Menschen!

Wenn eine Tierart eine so lange Existenz verzeichnen kann, stellt sich dazu dann unsere Existenz als moderner Mensch von nur dreihunderttausend Jahren[28] nicht im Vergleich als unscheinbar dar?

Vor diesem Hintergrund lässt sich das Verhältnis von Imker*in und Honigbiene wohl treffend so formulieren: Die Honigbienen brauchen uns Menschen nicht, sie kommen wunderbar allein klar. Alles was der Mensch tun kann, ist fasziniert daneben stehen, vielleicht auch eine Menge Honig ernten, wie ich es bei den Berufsimkern in Neuseeland erlebt habe, aber letztendlich können wir Menschen den Superorganismus Bien einfach nur bewundern.

Und in welcher Behausung du bald deine Bienen bestaunen könntest, welche Freude es dir machen wird, wenn du zu deinen ersten Bienen kommst, und wie du deinen Weg in die Bienenhaltung finden kannst, dazu kommen wir im nächsten Kapitel. Lass uns jedoch vorher das erste Kapitel über die Bienen einmal zusammenfassen.

Zusammenfassung

In Kapitel 1 hast du gelernt, das Bienenvolk in seiner Gesamtheit als Bien zu betrachten, bei dem die drei Bienenwesen (die Arbeiterin, die Drohne, die Königin) nur Teile dieser Gesamtheit bilden.

Die Königin und die Drohnen bilden die Geschlechtstiere des Bien, während der größte Teil eines Volkes aus den Arbeiterinnen besteht.

Die unfruchtbaren Arbeiterinnen übernehmen in einer bedarfsorientierten Arbeitsteilung zyklisch und je nach Alter verschiedene Aufgaben im Bienenstock.

So wird die Bienenwohnung eingerichtet (zum Beispiel als Putzerbienen, Baubienen, Propolissammlerinnen), Brut aufgezogen (zum Beispiel als Ammenbienen, Heizerbienen) und für die Versorgung des Bien mit Nektar, Honigtau und Pollen gesorgt (zum Beispiel als Nektar-, Honigtau- oder Pollensammlerinnen). Bei Bedarf ist diese Arbeitsteilung auch sehr dynamisch, wenn einzelne Arbeitsschritte mangels Bedarf übersprungen werden oder ältere Bienen Aufgaben jüngerer Arbeiterinnen übernehmen.

Im Laufe des Bienenjahrs durchläuft der Bien verschiedene Zyklen, die mit dem Ausschwärmen beginnen.

In der Hauptsaison der Imkerei teilen sich Bienenvölker: Ein Teil bleibt mit den Weiselzellen der neuen Königinnen im Muttervolk zurück, der andere Teil sucht sich mit der alten Königin eine neue Behausung, die seinen Bedürfnissen entspricht.

Bei der Auswahl einer geeigneten Behausung sind vor allem das Raumvolumen und die Möglichkeiten zur Feuchtigkeits- und

Wärmeregulation entscheidend, damit ein Bienenvolk in Baumhöhlen selbstständig und ohne Probleme durch Krankheiten überleben kann.

Hat sich der Bienenschwarm auf eine Behausung geeinigt, ziehen die Bienen ein und der Schwarm wird wieder zum Bien, denn es entsteht u.a. eine Wabenstruktur, wenn nicht auf bereits bestehende Waben der Vorbesitzer zurückgegriffen werden kann.

Nachdem das Volk einen ausgiebigen Vorrat angelegt hat, ruht der Bien im Winter in einer Traube, bevor das Volk im Frühjahr von neuem einen Wintervorrat sammelt. Ist dieser erreicht, teilt sich das Volk wie in jedem Jahr durch Schwärmen.

Der Kreislauf der Natur sorgt zwar dafür, dass jedes Jahr Milliarden von Bienenvölkern sterben, sich die Population der Honigbienen insgesamt jedoch nicht verkleinert. Im Gegenteil, durch die natürliche Selektion verbessert sich die genetische Ausstattung der Honigbienen unaufhörlich.

KAPITEL 2

IMKERN KANN JEDER

Wenn wir über das Imkern sprechen, dann sind zunächst zwei Dinge zu unterscheiden: Erstens hast du bereits in Kapitel 1 gelernt, dass Honigbienen noch immer in Baumhöhlen unserer Wälder leben und zwar ganz ohne Imker*innen oder Probleme mit Krankheiten. Auf der anderen Seite gibt es Menschen, die nicht nur in den Wald gehen möchten, um den Honigbienen bei der Arbeit zuzusehen. Sie möchten Bienen gern in ihrem eigenen Garten ein Zuhause schenken. Ich gehöre dazu. Und was ist mit dir?

Der Wunsch, Bienenvölker im eigenen Garten wohnen zu lassen, ohne dabei in den Wald zu gehen, bedarf somit einer von Menschen gemachten Behausung, mit der die Bienen bei uns einziehen können. Bei den Behausungen für unsere Bienen unterscheiden wir dabei zwischen imkerlichen Beuten und natürlichen Behausungen, die eine Baumhöhle nachahmen. Je nachdem welche Behausung du für Bienen wählst, gestaltet sich auch die Art und Weise, wie du imkern wirst. Sie bestimmt auch, ob du gesetzlichen Regelungen unterliegst oder nicht, wenn Bienen auf deinem Grundstück einziehen.

Imkerliche Beuten sind Behausungen, die speziell für die Bienenhaltung hergestellt werden. Das Imkern mit ihnen unterliegt gesetzlichen Vorgaben, wie der Bienenseuchenverordnung. Mehr dazu findest du in Kapitel 6.

Die in der Einleitung erwähnte Baumhöhlensimulation bzw. eine natürliche Baumhöhle sind dagegen an sich keine imkerlichen Beuten, sie unterliegen keinen gesetzlichen Bestimmungen zur Bienenhaltung, wenn du mit ihnen ausschließlich Artenschutz für Wildtiere betreibst und keine Bienenhaltung vornimmst. Eine Baumhöhlensimulation ahmt schließlich nur eine natürliche Baumhöhle nach, in der auch Vögel, Wespen oder Hornissen, ja sogar eventuell Fledermäuse einziehen könnten oder eben Bienen. Gleiches gilt für die sogenannten Klotzbeuten, also von Menschen ausgehöhlte Baumstämme. Auch hier gilt: Stellst du ausschließlich eine Baumhöhle auf, in die zum Beispiel Honigbienen von selbst einziehen, dann betreibst du keine Bienenhaltung und unterliegst nicht den gesetzlichen Regelungen für die Bienenhaltung in imkerlichen Beuten.

Doch warum ist das so?

Das hängt sehr stark mit den Krankheiten zusammen, die in imkerlichen Beuten ausbrechen, wenn es Imker*innen nicht gelingt, die fehlenden Eigenschaften der natürlichen Baumhöhlen in imkerlichen Beuten auszugleichen. Imkerliche Beuten dienen meist mehr der Bewirtschaftung der Völker als den Bienen selbst. Gesetzliche Regelungen sorgen dafür, dass sich Bienenkrankheiten in imkerlichen Beuten nicht unkontrolliert ausbreiten können.

Das Wort Imker leitet sich von den beiden Wörtern Imme (niederdeutsch = Biene) und Kar (mittelniederdeutsch = Gefäß) her. Imker*in zu sein, bedeutet also, die Bienen aus ihrem natürlichen Umfeld in ein Gefäß zu geben.

Wenn du demnach mit den Tieren arbeiten möchtest und Imker*in werden willst, dann ist es in imkerlichen Beuten deine Aufgabe, dem Bienenvolk dabei zu helfen, auch in eher unnatürlichen Behausungen im Gleichgewicht mit seiner Umwelt zu leben. Denn die meisten „Gefäße" (imkerliche Beuten) können kaum eine natürliche Baumhöhle ersetzen.

Für eine erfolgreiche und vor allem nachhaltige Tätigkeit als Imker*in kommt es somit auf die Art und Weise der Behausung und der damit verbundenen Bienenhaltung an.

Nur in natürlichen Baumhöhlen oder ihren menschlichen Nachahmungen (Baumhöhlensimulation, Klotzbeute) gelingt es den Bienen, sich allein gesund zu halten.

In eher unnatürlichen Behausungen wie den imkerlichen Beuten sind die Bienen dagegen auf Imker*innen angewiesen, damit sie langfristig überleben können.

Ein Bienenschwarm wird in eine imkerliche Beute einlogiert. Von nun an ist er auf die verantwortungsvollen Hände des Imkers angewiesen.

Entscheidest du dich nicht für den Artenschutz und möchtest wie die klassischen Imker*innen in die Bienenvölker schauen, Honig ernten oder Völker vermehren, dann fragst du dich vielleicht nach gesetzlichen Regelungen, die du noch vor Beginn der Bienenhaltung erfüllen musst. Dazu sei dir gesagt: Es gibt keine gesetzlichen Hürden oder Regelungen oder gar eine Prüfung, die du erfüllen musst, um Imker*in zu werden. Imker*in zu sein erfordert von dir dagegen sehr wohl rechtliche Pflichten einzuhalten.

Hast du einmal den Entschluss gefasst, dich mit den Honigbienen zu beschäftigen und eventuell mit der Imkerei anzufangen, steht dem erstmal so gut wie nichts mehr im Weg.

Auf der einen Seite kann dich niemand davon abhalten, Artenschutz zu betreiben und Wildtieren in deinem Garten eine Baumhöhlensimulation zur Verfügung zu stellen, in die Honigbienen mit Handkuss von selbst einziehen werden. Und auch auf der Seite der Haltung von Bienen mit imkerlichen Beuten sieht dies nicht anders aus. Es ist sogar gesetzlich ausdrücklich erlaubt, Bienenvölker im eigenen Garten zu halten. Dabei ist in Deutschland der § 906 BGB zu nennen. Hier steht, dass *„eine wesentliche Beeinträchtigung [zum Beispiel Bienenflug Anm. d. Verf.] durch eine ortsübliche Benutzung des [..] Grundstücks [..] nicht [..] verhindert werden kann, die [..] zumutbar [ist]*"[29]. Auf diesen Paragrafen bezieht sich der Bundesgerichtshof in einem Urteil von 1992 und sieht die Ortsüblichkeit der Bienenhaltung sogar dann bestätigt, wenn nur eine gärtnerische Grundstücksnutzung mit Obstgehölzen und Kleingärten in deinem Gebiet üblich ist[30].

Kurzum, Bienen gehören einfach zur Natur! In deinem Garten Bienen zu halten und der daraus entstehende Bienenflug, sind eine zumutbare Einwirkung für andere, insbesondere wenn in deinem Ort Bienenhaltung bereits üblich ist.

Und wie sieht es mit einer Ausbildung für die Bienenhaltung aus? Ist die Pflicht?

Zwar gibt es sehr wohl eine Berufsausbildung als Tierwirt*in mit der Fachrichtung Imkerei und viele Möglichkeiten zur Ausbildung zum/r Freizeitimker*in, doch es ist nicht gesetzlich vorgeschrieben, diese zu absolvieren. Es ist deine Entscheidung, ob du an Kursen oder Schulungen teilnehmen bzw. dich selbst weiterbilden willst.

Doch Achtung, so einfach ist es dann auch wieder nicht.

Nur mit Wissen über die natürlichen Bedürfnisse von Honigbienen wirst du das Zusammenleben der Bienen mit ihrer Umwelt verstehen. Möchtest du Bienen in deinem eigenen Garten ein Zuhause schenken oder die Bienen halten und dir zunutze machen, dann solltest du aus oben beschriebenen Gründen unbedingt eine fundierte Ausbildung absolvieren. Nur damit wird es dir gelingen, wirklichen Artenschutz zu betreiben oder die Bienen in einer imkerlichen Behausung erfolgreich gesund zu halten. Bei der Bienenhaltung kannst du mit einer guten Ausbildung dann natürlich auch die wertvollen Bienenprodukte wie Honig, Bienenwachs, Propolis, Pollen und eventuell Gelée Royale ernten oder Völker vermehren und Königinnen züchten.

Gerade wenn du dir die Bienen zunutze machst und keinen Artenschutz mit einer baumhöhlenähnlichen Behausung betreiben möchtest, ist es wichtig, dass du dich mit den Bienenkrankheiten und den jeweiligen Gesetzen vertraut machst. In der bereits erwähnten Bienenseuchenverordnung ist der Umgang mit Krankheiten geregelt, wie zum Beispiel der Varroamilbe oder Amerikanischen Faulbrut. Beides sind Krankheiten, die durch unsachgemäßes Imkern gravierende Ausmaße annehmen können.

Jeder Mensch kann den Traum vom Imkern ohne gesetzliche Voraussetzungen verfolgen. Imker*in zu sein, bringt jedoch Verantwortung mit sich, der du, vor allem den Bienen gegenüber, gerecht werden solltest. Eine fundierte Ausbildung sollte demnach insbesondere für das Imkern mit imkerlichen Beuten selbstverständlich sein.

Wenn für dich nur der Artenschutz infrage kommt, achte bei deiner Ausbildung darauf, dass du das Leben der Honigbienen in ihrem natürlichen Umfeld verstehen lernst. Auch wenn du bereits jetzt an die Nutzung der Bienen denkst und eine klassische Imker*in-Ausbildung absolvieren möchtest, lerne immer zuerst die Bienen kennen. Nur mit dem Wissen über die natürliche Lebensweise der Honigbiene kannst du auch in imkerlichen

Behausungen bestmöglich Rücksicht auf die Bienen nehmen und Fehlentwicklungen rechtzeitig erkennen.

Solltest du es ernst meinen mit der Bienenhaltung oder damit Artenschutz in deinem Garten zu betreiben und dich schon jetzt für eine fundierte Ausbildung über die natürliche Lebensweise der Honigbienen entschieden haben, dann kann ich dir meine Online-Ausbildung BeeExpert ans Herz legen. Schau dazu gerne auf meiner Website **www.BeeHappy-Imkerei.de/BeeExpert** vorbei.

Nur was wir kennen, können wir schützen!

Auf jeden Fall solltest du dir bei der Gestaltung deiner neuen Freizeitbeschäftigung Zeit nehmen, die Biene unter Einbezug neuster Forschungen und Erkenntnisse kennenzulernen. Denn die Honigbiene braucht uns nicht, aber wir unbedingt die Biene. Hören wir ihr also zu, bevor wir uns an die Arbeit mit ihr machen.

Um Bienen ein Zuhause zu schenken oder sogar Imker*in zu werden, ist es egal, ob du jung oder alt bist, ob du körperlich beeinträchtigt bist oder dich frei bewegen kannst.

Es ist egal, ob du Bienen in der natürlichsten Behausung überhaupt halten willst oder vom großen Honigertrag in imkerlichen Beuten träumst.

Es ist egal, ob du wenig Geld hast, um dir das nötige Material anzuschaffen, oder du reich und berühmt bist wie Leonardo di Caprio, Morgan Freeman oder David Beckham, die selbst Bienen gehalten haben und es vielleicht noch immer tun:

Die Natur, die Honigbienen und die Imkerei SIND FÜR ALLE DA!

Und sie sollten auch – unabhängig von den Gesetzen – von allen achtungsvoll behandelt und bewahrt werden. Um das zu erreichen, ist eine nachhaltigen Ausbildung notwendig.

In der Ausbildung von Neuimker*innen sind die klassischen Angebote leider ein wenig angestaubt. So spielen die natürlichen Bedürfnisse der Honigbienen in den meisten Kursen kaum eine Rolle, während ausgiebig darüber gesprochen wird, wie man Bienenvölker bewirtschaftet, nicht jedoch ihre Art schützt.

Ich habe nichts dagegen zu lehren, wie man die Honigbienen für sich nutzen kann. Ich selbst halte Bienen in imkerlichen Beuten und bilde auch in dieser Betriebsweise aus. Doch fast alle derzeitigen Kurse für angehende Imker*innen vermitteln den Eindruck: Honigbienen im Garten wohnen zu lassen besteht nur darin, dass sich Menschen die Bienen zunutze machen, und die Insekten ohne den Menschen nicht überleben könnten. Aber eigentlich sollten all diese Ausbilder einmal die Biene in den Vordergrund stellen, statt immer nur wieder über ihren Nutzen zu sprechen.

Aufgrund der Vielzahl an Möglichkeiten ist der erste Schritt in die Imkerei, sich über die eigenen Vorstellungen und Wünsche klar zu werden. Wie Artenschutz für Honigbienen funktioniert, haben wir uns bereits angesehen. Ist dies dein Weg? Oder fragst du dich, welche anderen Möglichkeiten dir die Imkerei bietet? Mache dir zu Beginn deine Gründe für Bienen im eigenen Garten bewusst. Sie sind wie ein Kompass, der dich durch die verschiedenen in Kapitel 3 beschriebenen Betriebsweisen leitet und es dir ermöglicht, das Beste für dich und deine Bienen rauszuholen.

Besinne dich auf dein Wissen über die Bedürfnisse der Honigbienen, das wird dich auf deinem Weg leiten und dir Orientierung geben.

Es geht also zunächst nicht darum, von heute auf morgen loszulegen, Bienenbehausungen zu kaufen oder Material zu bestellen. Sieh deinen Start mit den Bienen vielmehr als kreativen Prozess. Werde dir darüber klar, was dir im Umgang mit der Honigbiene oder eventuell beim Imkern wichtig ist und was die Imkerei überhaupt für dich zu bieten hat. Die Auswahl an Material, die richtige Bienenbehausung, der Bienenkauf und die Begleitung deiner Bienen durch das Jahr sind danach nicht mehr so schwierig und beim Artenschutz noch nicht einmal nötig.

Das Imkern mit diesen Magazinbeuten ist wahrlich nicht die einzige Möglichkeit Honigbienen zu halten. Mit Glücklich Imkern zeige ich dir die ganze Vielfalt, sodass du die für dich beste Betriebsweise finden wirst.

Wenn Material, Zubehör, Bienenbehausung und damit die Art und Weise der Haltung zu dir und deinem Vorhaben passen, ist das eigentliche Imkern wesentlich leichter. Anstatt dich ohne Überblick einseitig auszubilden, werde ich im weiteren Verlauf des Buches dafür sorgen, dass sich bei dir die pure Begeisterung für deine Art und Weise, mit den Bienen zu leben, von allein einstellen wird. Du hast die Wahl deinen eignen Weg zu wählen.

Das dafür benötigte Wissen schauen wir uns jetzt in den nächsten beiden Kapiteln noch einmal genauer an. Auf geht's!

KAPITEL 3

BETRIEBSWEISEN DER IMKEREI

Die unterschiedlichen Betriebsweisen sind ein Ausdruck der verschiedenen Zielsetzungen bzw. Gründe im Umgang mit den Honigbienen. Dabei lässt sich die Imkerschaft im Wesentlichen in vier Richtungen einteilen, die jeweils eine bestimmte Betriebsweise repräsentieren:

- **Artenschützer*innen**
- **Naturnahe oder wesensgemäße Imker*innen**
- **Bioimker*innen**
- **Konventionelle bzw. extensive Imker*innen**

Jede dieser Betriebsweisen nutzt typische Behausungen für die Bienen oder bestimmtes Material bei der Arbeit mit ihnen. Die Häufigkeit der Eingriffe in ein Bienenvolk wird ebenfalls von der jeweiligen Betriebsweise bestimmt: Sie reicht von gar keinem oder einem einmaligen Eingriff im Jahr bei Artenschützer*innen bis zu wöchentlichen Eingriffen vor allem in der Hauptsaison in der konventionellen Imkerei. Selbstverständlich spielt bei diesem Arbeitsaufwand auch die Anzahl der Bienenvölker eine Rolle und natürlich auch deine Entscheidung, wie viel und was du von jeder der jeweiligen Betriebsweise umsetzen möchtest.

Jede Art mit den Bienen umzugehen hat ihre Vor- und Nachteile, wobei ein Vorteil für dich ein Nachteil für jemand anderen sein kann.

Geht es dir zum Beispiel darum, die Natur möglichst zu erhalten, Artenschutz zu betreiben und mit deinen Kindern die Zusammenhänge der Natur zu ergründen, dann siehst du sehr wahrscheinlich den Bienen lieber beim Aus- und Einfliegen in einer Baumhöhlensimulation zu, anstatt in das Volk einzugreifen. Eingriffe in dein Volk sind für dich dann ein Nachteil.

Hat dich dagegen die Idee gepackt, deine Bienen zu erleben, willst du die einzelnen Waben des Volkes bestaunen und mehr als nur zwei bis drei Kilogramm Honig pro Jahr ernten? Dann wirst du wohl auf imkerliche Beute zurückgreifen müssen. Für dich sind Eingriffe in dein Volk dann ein Vorteil.

Egal wie du dich entscheidest, in einem sind wir uns einig: Das Bienenwohl muss immer an erster Stelle stehen. So ist für das Tierwohl der Bienen jede der folgenden Betriebsweise geeignet, wenn du gelernt hast, worauf du achten musst.

Hier sind also die wesentlichen Betriebsweisen der Imkerei und ich bin sicher, du wirst in jeder Betriebsweise auch Elemente für deinen Umgang mit den Honigbienen entdecken.

Artenschutz betreiben

Artenschützer*innen möchten ihren Bienen weder den Honig wegnehmen, den die Völker für die Überwinterung brauchen, noch die Völker mit Medikamenten behandeln oder in das Bienenvolk hinein schauen. Die Bienen sollen so leben, wie sie es auf natürliche Weise tun würden, dann werden auch keine Medikamente nötig und der Honig für den Wintervorrat muss nicht durch Zuckerwasser ersetzt werden. Bienen beobachten Artenschützer*innen gerne in den Baumhöhlen unserer Wälder oder stellen eine baumhöhlenähnliche Behausung in ihrem eigenen Garten auf.

BETRIEBSWEISE

Für Menschen, die sich dem Artenschutz verschrieben haben, ist es beim Imkern extrem wichtig, die Lebensweise der Bienen so zu erhalten, wie sie sich seit mindestens dreißig Millionen Jahren[31] entwickelt hat. Anstatt sich als Imker*in zu bezeichnen, beschreiben sie sich lieber als Artenschützer*in oder als Wohnungsgeber*in der Bienen, denn schließlich ist es nicht ihre Absicht, mit den Bienen zu arbeiten.

Artenschützer*innen ist bewusst, dass Bienenvölker sich seit jeher teilen, wenn der richtige Moment gekommen ist, und sie wissen, dass jedes Jahr ein Teil des Volkes aus seiner Behausung auszieht. Den Prozess des Schwärmens finden sie extrem wichtig. Sie freuen sich regelrecht, wenn vielleicht der Schwarm eines anderen Imkers in die von ihnen aufgestellte Baumhöhle einzieht. Denn dann haben diese Bienen endlich wieder einen Ort für sich und werden nicht benutzt, sondern dürfen nur für sich und ohne Eingriffe durch den Menschen leben.

Wenn Imker*innen Eingriffe in ein Bienenvolk vornehmen und die natürliche Teilung von Bienenvölkern züchterisch, also durch andere Betriebsweisen unterdrücken, finden Artenschützer*innen das verwerflich. Ihrer Meinung nach sollte es mehr Menschen geben, die natürliche Nistmöglichkeiten wie Baumhöhlen für die Bienen anbieten. Förster sollten wieder mehr Lebensraum für Bienen schaffen, indem sie zum Beispiel nicht alle toten Bäume abholzen, damit Bienen und andere Waldbewohner endlich wieder natürliche Baumhöhlen zum Wohnen finden.

Das Schönste, was Artenschützer*innen mit ihren Bienen passieren kann, ist, den Insekten beim Ein- und Ausfliegen und beim Sammeln von Pollen und Nektar zuzusehen. Artenschützer*innen gehen gerne in den Wald, um dort wildlebende Bienenvölker zu beobachten. Reine Natur, ein unbewirtschafteter Wald, saubere Luft und eine beruhigende Wirkung der im Wind wehenden Baumkronen, für Artenschützer*innen gibt es nichts Schöneres. Wenn dann noch ein wildlebendes Honigbienenvolk dazukommt, bereichert sie diese Aussicht und ihr Herz, ja ihr ganzes Leben, ist dann mit allem versorgt, was sie brauchen.

*In dieser noch leeren Baumhöhle könnte schon bald ein Bienenschwarm einziehen. Artenschützer*innen sollten diesen Baum genau im Blick behalten. Das lohnt sich vor allem in der Schwarmzeit der Bienen von Mai bis Juli.*

BEHAUSUNG

Wenn neben der heimischen Terrasse kein echter Baum eine natürliche Höhle bereitstellt, in die die Bienen von Artenschützer*innen einziehen könnten, kommt für sie als Bienenbehausung im eigenen Garten nur eine baumhöhlenähnliche Wohnung infrage.

Bienen können in Baumhöhlensimulationen oder von Menschen ausgehöhlten Baumstämmen, den Klotzbeuten, Krankheiten selbstständig bekämpfen. Menschen müssen den Bienen dabei nicht helfen. Eine Gefahr von Krankheitsübertragungen auf andere Bienenvölker geht von diesen Behausungen kaum aus.

UMGANG MIT KRANKHEITEN

Was das Thema Bienenkrankheiten betrifft, so können Artenschützer*innen bei ihrer Bienenhaltung unbesorgt sein.

Die Baumhöhle bietet nun einmal das optimale Habitat für Honigbienen, das in seiner Gesundheitsvorsorge durch keine imkerliche Beute jemals ersetzt werden kann.

Auch durch den Verzicht darauf, Bienenvölker in ihrer Gesamtheit zu stören, beugen Artenschützer*innen ernsthaften gesundheitlichen Problemen vor. Dennoch können sich auch Bienenvölker in Höhlenbehausungen den omnipräsenten Varroamilben (Kapitel 1) nicht entziehen. Sie sind für in Baumhöhlen oder ähnlichen Behausungen lebende Völker jedoch kein Problem. Den Völkern in Baumhöhlen gelingt es nach der Anpassung an die Varroamilbe durch verschiedene Verhaltensweisen, wie zum Beispiel dem sogenannten „Grooming", die Milbenzahl im Volk effektiv klein zu halten. Beim Grooming zeigen Honigbienen ein Putzverhalten, bei dem sie sich gegenseitig Fremdgegenstände, zum Beispiel Varroamilben, von ihren

Körpern entfernen. Dieses Verhalten ist mit dem Lausen der Affen zu vergleichen.

Für das eher unproblematische Zusammenleben von Honigbienen und Varroamilben in Baumhöhlen ist auch das begrenzte Raumvolumen dieser Wohnungen entscheidend. Durch den von den Bienen präferierten Raum von circa vierzig Litern, werden nicht nur eine geringere Anzahl an Bienen im Jahr aufgezogen, sondern gleichzeitig können sich dadurch auch weniger Milben in der Bienenbrut vermehren. Eine übermäßig große Varroapopulation im Verhältnis zur Anzahl der im Volk lebenden Bienen kommt in artgerechten Bienenbehausungen somit nicht zustande[32].

Wie in Kapitel 1 beschrieben, können jedoch auch Bienenvölker in Baumhöhlen aussterben, bei zum Beispiel Futtermangel im Winter. Nur die stärksten und jeweils am besten angepassten Völker überleben langfristig.

Für Artenschützer*innen ist dieser Zusammenhang klar und ihnen erscheint die natürliche Selektion wichtig. Ihrer Meinung nach schafft es nur diese natürliche Auslese, Bienenvölker langfristig (gesund) zu halten.

HONIGERNTE

Die Honigernte hat bei den Artenschützern die geringste Priorität, trotzdem können auch sie mit einer angepassten Baumhöhlensimulation einmal im Jahr zwei bis drei Kilogramm Honig ernten. Dies gelingt mit einem speziellen Honigring. Sofern eine Honigernte gewünscht ist, wird hierfür neben dem Honigring kaum zusätzliches Erntematerial benötigt. Gegebenenfalls ist eine Grundausrüstung der Imkerei hilfreich, dazu mehr in Kapitel 4.

Naturnahe Imkerei

Naturnahe Imker*innen orientieren sich stark an den Bedürfnissen wildlebender Honigbienen in Baumhöhlen, möchten jedoch auch in ihr Völker schauen und gelegentlich Bienenwaben in den Händen halten. Auch wenn sie also imkerliche Beuten verwenden, greifen sie dennoch so wenig wie möglich in das Bienenvolk ein.

BETRIEBSWEISE

Naturnah zu imkern, bedeutet sich mit der Betriebsweise nicht allzu sehr von den natürlichen Bedürfnissen der Bienen zu entfernen. Naturnahe Imker*innen orientieren sich daher sehr stark an der Lebensweise der Honigbiene, wie sie sich seit Millionen Jahren entwickelt hat.

Bienenvölker von naturnahen Imker*innen dürfen sich teilen beziehungsweise schwärmen, auch weil damit Krankheiten reduziert werden und das Schwärmen einfach in der Natur der Bienen liegt.

Im Allgemeinen wird es in der naturnahen Imkerei nicht gerne gesehen, wenn andere Imker*innen den Schwarmtrieb der Bienen unterdrücken und den Bienen dann auch noch in Form von Wachsplatten Bauvorlagen für ihre Waben geben. Nach Meinung der naturnahen Imker*innen sollten die Bienen die Waben komplett selbst und nicht auf einer Vorlage bauen, auch wenn diese zu hundert Prozent aus Bienenwachs besteht.

Gemäß den Überzeugungen der naturnahen Imker*innen sollten mehr Imker die Gefahr erkennen, der die Bienen durch intensive und konventionelle Haltungsformen ausgesetzt sind, und ihre Betriebsweise wieder mehr an der Natur orientieren. Denn nur so können die Bienen langfristig überleben.

Neben der Orientierung an der Natur finden naturnahe Imker*innen Eingriffe in das Bienenvolk jedoch im Großen und Ganzen angemessen, denn sie sehen sich die Schönheit ihres Bienenvolkes auch gern von innen an. Sie wollen genau abschätzen können, wann ihre Bienen schwärmen werden, und deshalb nehmen sie in Maßen Eingriffe in das Volk vor. Bienenschwärme werden in der naturnahen Imkerei mit Freude wieder eingefangen, um sie dann in eine naturnahe imkerliche Beute einziehen zu lassen. In der können dann im Vergleich zu einer baumhöhlenähnlichen Behausung auch mehr als zwei bis drei Kilogramm Honig pro Jahr geerntet werden.

BEHAUSUNG

Beim naturnahen Imkern bauen die Bienen ihre Waben innerhalb der imkerlichen Beute entweder fest an die Behausung oder wie hier an bewegliche Oberträger an (Foto).

Naturnahe Bienenwohnungen zählen zu den imkerlichen Beuten, da sie speziell für Bienen gemacht sind. Häufig greifen naturnahe Imker*innen auf die sogenannten Einraumbeuten zurück. Für sie stehen diese mit Abstand im

Garten verteilt, damit sich kranke Bienen eines Volkes nicht so schnell in ein anderes verirren. Bienenverflug von Volk zu Volk soll somit wie im Wald ausgeschlossen werden, denn dort leben die Völker rund einen Kilometer voneinander entfernt[33]. Die Beuten bestehen selbstverständlich aus natürlichen Materialien wie Holz und/oder Schilf bzw. Lehm, das ist keine Frage für begeisterte, naturnahe Imker*innen.

Der Raum imkerlicher Beuten orientiert sich für naturnahe, auch wesensgemäße Imker*innen genannt, an den Bienen und hat somit ein Volumen von circa vierzig Litern. Bienenbeuten „endlos" zu erweitern, kommt für sie überhaupt nicht infrage, denn sie wollen nicht durch mehr Raum im Bienenstock für mehr Bienen und somit auch für mehr Milben sorgen. Würde die Wohnung der Bienen, ausgehend vom natürlichen Vorbild, verdoppelt, verdreifacht oder sogar vervierfacht, dann würden die Völker ohne Imker*innen unter der Milbenlast zusammenbrechen. In der naturnahen Imkerei gilt es, mit einem begrenzten Raum von circa vierzig Litern riesige Milbenpopulation an sich zu vermeiden.

Manche naturnahen Imker*innen verwenden in ihren Völkern auch sogenannte Rähmchen. Das sind Holzrahmen, in die die Bienen ihre Waben bauen, sodass Imker*innen zur Honigernte oder zur Begutachtung der Bienengesundheit einzelne Waben flexibel bewegen und betrachten können. Zu den Vor- und Nachteilen beim Imkern mit Rähmchen liest du mehr in Kapitel 4.

UMGANG MIT KRANKHEITEN

Zur Bekämpfung der Bienenkrankheit Varroose, die durch die Varroamilben entsteht, achten naturnahe Imker*innen auf das Raumvolumen der Behausung, sie verzichten lieber auf Medikamente und setzten andere Verfahren ein. Da sich die Varroamilben nur in der Brut vermehren kann, vermehren sich die Milben in einer Brutpause nicht. Die Bienen werden somit entlastet. In der naturnahen Imkerei kommen anstelle von Medikamenten Brutpausen, totale Brutentnahmen (TBE's) oder Wärmebehandlungen infrage. Vor allem das Schwärmen der Völker ist in der naturnahen Imkerei sehr wichtig. Denn dadurch entstehen im Muttervolk ebenfalls Brutpausen.

HONIGERNTE

Die Honigernte wird in der naturnahen Imkerei nicht um jeden Preis durchgeführt, die Bienen sollen immer noch genügend eigenen Honig für den Winter haben. Je nach Saison ernten naturnahe Imker*innen somit nur den Honig, den ihre Bienenvölker übrig haben und nicht selbst für die Überwinterung brauchen. Die Ernte fällt also unterschiedlich aus, in einer Saison werden circa drei Kilogramm pro Volk, in der nächsten bis zu fünfzehn Kilogramm geerntet.

Der Zeitaufwand für die Arbeit von Mai bis Juli liegt mit drei bis fünf Bienenvölkern bei circa zwei bis drei Stunden pro Woche. Für das an die Natur angelehnte Imkern werden neben der Behausung eine größere Auswahl an Ausrüstung und Material benötigt, welche wir uns in Kapitel 4 näher ansehen werden.

Bioimkerei

Die Bioimkerei sieht den Nutzen der Biene für den Menschen. In Deutschland wurde 2019 pro Person knapp ein Kilogramm Honig genossen[34] und der geliebte Honig sollte – wenn es nach den Biomimker*innen ginge –nicht in Massen produziert werden, sondern nach ökologischen Richtlinien, die dem Tierwohl dienen. Bioimker*innen setzten sich für eine besser Honigqualität und Haltungsbedingungen ihrer Völker ein. Dazu verpflichten sie sich, die Biorichtlinien einzuhalten, die nicht nur das Tierwohl, sondern auch die Umwelt und damit den Menschen schützen. Denn auch für die Bestäubung von Kulturpflanzen brauchen wir Menschen die Leistung der vielen Millionen Honigbienen.

BETRIEBSWEISE

Bioimker*innen finden es vor allem wichtig, die Natur, den Menschen und die Tiere insgesamt zu schützen, weshalb ihnen auch das Tierwohl ihrer Bienen sehr wichtig ist. Dabei finden sie es aber nicht unbedingt angebracht, Bienen auf artgerechte Weise in Baumhöhlen zu halten oder in naturnahen Behausungen, denn sie möchten auch gute bis sehr gute Honigernten einfahren oder ihre Völker zur Bestäubung von biologisch angebauten Apfelbäumen oder andere Kulturen anbieten können. Selbstverständlich können Bioimker*innen ihren Bienen nicht befehlen, dass sie nur bei Biolandwirten oder in biologischen Gärten Nektar sammeln oder Blüten bestäuben dürfen. So bezieht sich das „Bio" nur auf die Arbeit und den Umgang mit den Völkern, nicht jedoch auf den Honig. Manchmal gelingt es jedoch, Bienenvölker in einem biologisch geprägten Landstrich aufzustellen, so dass dort neben der biologischen Betriebsweise auch Bionektar für den Honig gesammelt werden kann. Die Umgebung, in der die Bienen aufgestellt werden, muss für die Bioimkerei jedoch keine bestimmten Voraussetzungen erfüllen. Es kommt auf den Umgang mit den Bienen an, damit Bio drauf stehen darf.

Bienenschwärme sind in der Bioimkerei ein gutes Zeichen, denn wenn Völker in der Hauptsaison schwärmen, sind sie stark und gesund. Dennoch wollen Bioimker*innen meist nicht jedem Bienenschwarm hinterherlaufen bzw. die eigenen Bienen wieder einfangen müssen, schließlich ist der Honigertrag wichtiger. Und so übernehmen sie mit verschiedenen imkerlichen Methoden lieber selbst die Teilung ihrer Völker.

Mit dem Honigverkauf können die in der Bioimkerei jährlich anfallenden Ausgaben für Biozertifizierungen und die Mitgliedsbeiträge im Bioverband bezahlt werden. Diese Kosten liegen mitunter bei bis zu 500 € pro Jahr. Bei zweistelligen Völkerzahlen greifen Bioimker*innen auf flexibel zu handhabende, imkerliche Beuten zurück, die sogenannten Magazinbeuten (dazu mehr in Kapitel 4). Bioimkereien werden häufig in etwas größerem Stil betrieben und verlangen nicht selten unternehmerische Tätigkeiten, gerade wenn mehrere hundert Kilogramm Honig vermarktet werden sollen.

BEHAUSUNG

Imkerliche Beuten in Bioimkereien bestehen aus natürlichen Stoffen wie Holz, Stroh oder Lehm. Je mehr Völker für die biologische Bewirtschaftung gehalten werden, desto eher bestehen die Bienenwohnungen aus Holz, denn das hält länger als Stroh oder Lehm.

Während nur wenige naturnahe Imker*innen einzelne Waben des Volkes flexibel austauschen können wollen, ist dies bei Bioimker*innen die Regel. Gerade wenn die vielen Honigwaben zur Ernte oder die einzelnen Brutwaben zur Begutachtung der Bienengesundheit entnommen werden müssen, eignet sich die Verwendung von Rähmchen. Mehr zum Imkern mit Rähmchen findest du in Kapitel 4.

Holzbeuten werden in der Bioimkerei gerne verwendet.

UMGANG MIT KRANKHEITEN

Auf Bienenkrankheiten wird selbstverständlich auch in der Bioimkerei geachtet. Gerade weil das Tierwohl in biologischen Betrieben sehr wichtig ist, wird nicht darauf verzichtet, jedes flexibel bewegliche Rähmchen zu betrachten und den Gesundheitszustand der Völker regelmäßig zu überprüfen. Zudem wird den Bienen beim Ausbau der Rähmchen mit Bauvorlagen aus Bienenwachs geholfen, das gibt den Bienen mehr Zeit für die Gesundheitspflege. So müssen die Bienen gerade bei der Nutztierhaltung und den damit verbundenen Anstrengungen nicht noch zusätzlich ihr komplettes Wabenwerk allein bauen.

Bienenschädlinge wie die Varroamilbe werden in der Bioimkerei mit natürlich vorkommenden Medikamenten (Ameisen-, Milch- oder Oxalsäure) und mit imkerlichen Methoden wie zum Beispiel einer Brutpause bekämpft. Synthetische Medikamente gegen die Milben, wie der Wirkstoff Flumethrin, werden in den Verordnungen eher abgelehnt.

HONIGERNTE

Die Honigernte ist bei Bioimker*innen insgesamt sehr organisiert und geplant, sie wissen, wie sie reichlich Honig ernten und die Bienen für sich nutzen können. So ist die Honigernte fest eingeplant und von ihren biologisch bewirtschafteten Völkern werden im Durchschnitt fünfundzwanzig Kilogramm Honig pro Volk und Jahr geerntet, häufig auch deutlich mehr. Im Gegenzug bekommen die Bienen dafür besten Zuckersirup, der nur aus biologischem Anbau stammen darf. Die zeitliche Investition in der Bioimkerei ist damit etwas höher, denn es werden auch häufig mehrere Völker bewirtschaftet und die Biorichtlinien müssen erfüllt werden. Zudem wird gern viel Honig geerntet, weswegen die Völker anschließend gefüttert werden müssen.

Gerade zu Beginn sollten bestimmte Voraussetzungen geschaffen werden, wenn nicht in einem aufwendigen Umstellungsprozess die Betriebsweise beispielsweise von konventionell auf biologisch geändert werden soll. Die zusätzliche Arbeit, um die Biorichtlinien zu erfüllen oder der Dokumentationspflicht nachzukommen, wird jedoch meist gerne in Kauf genommen. Bei drei bis fünf Völkern benötigen Neuimker*innen mit einer kleineren Bioimkerei in der Hauptsaison pro Woche circa zwei bis dreieinhalb Stunden Arbeitszeit. Trotz der Mehrarbeit zahlt sich der Einsatz aus, denn der Honig kann mit einem besonderen Siegel teurer verkauft werden als bei anderen Imker*innen.

Bioimker*innen benötigen die gesamte Ausrüstung, auch für die Honigernte, inklusive Material für die Königinnenzucht. Auch hier der erneute Hinweis: Zum Material nicht nur für die Bioimker*innen erfährst du mehr in Kapitel 4.

Konventionelle Imkerei

Für konventionelle Imker*innen ist die Honigbiene ein ständig zu optimierendes Nutztier. Sie kennen jeden Handgriff, um noch mehr aus den Völkern herauszuholen. Eine reichliche Honigernte von bis zu hundert Kilogramm pro Volk und Jahr, die Vermehrung der Völker und Leistungszucht stehen in der konventionellen Imkerei im Vordergrund. Zudem ist konventionellen Imker*innen jedes Material für die imkerlichen Beuten recht. Es muss nicht immer nur Holz sein, auch Kunststoffwaben können im Honigraum eingesetzt werden, wenn dadurch die Honigernte erleichtert wird.

BETRIEBSWEISE

Eine starke Orientierung an den natürlichen Bedürfnissen der Honigbienen kommt für konventionelle Imker*innen nicht infrage, im Gegenteil, sie versuchen durch Züchtung, die Biene nach ihren Wünschen zu modellieren. Das Schwärmen der Bienen ist ihrer Meinung nach überflüssig geworden, es gibt Methoden, mit denen Imker*innen den Bienen die natürliche Vermehrung abnehmen können. Schließlich bedeutet der Verlust eines Bienenschwarms in der konventionellen Imkerei den Verlust einer Honigfabrik und damit auch Ertragsverlust. Bei konventionell gehaltenen Völkern, die ständig schwärmen, wird die Königin rasch durch eine schwarmträgere Königin ausgetauscht.

Warum andere Imker*innen bei der Bienenhaltung nichts optimieren und durchrechnen, macht so manche/n konventionelle/n Imker*innen stutzig. Ihnen selbst geht es stets um die Optimierung und die Leistungsfähigkeit ihrer Bienenvölker. Wenn zum Beispiel ein Bienenvolk kurz davor steht sich zu teilen, werden die Bienen schon beim Aufheizen und Vorbereiten für den Ausflug je nach Volksstärke bis zu zweieinhalb Kilogramm Honig verbraucht[35], das bedeutet Ertragsverlust. Neben dem Honigverlust müssen dann die eigenen Bienen wieder eingefangen werden. Das dauert im Durchschnitt eine

Stunde, gerne auch mal bis zu fünf Stunden. Ertragreiche Imker*innen wollen diese Zeit auf jeden Fall anders nutzen.

Zur Erhöhung ihrer Völkerzahl und beim Teilen der Bienenvölker setzen sie deshalb wie Bioimker*innen auf imkerliche Maßnahmen zur Volksteilung. Die Gene der Königinnen beeinflussen den Schwarmtrieb und spielen daher für konventionelle Imker*innen eine zentrale Rolle. Eine instrumentelle Besamung von Königinnen wird begrüßt, genauso wie die Begattung der Königinnen auf speziellen Inseln, auf denen nur ausgewählte Drohnen (Männchen) leben dürfen. Diese gezielte Paarung ermöglicht es konventionellen Imker*innen, eine noch leistungsstärkere und vitalere Honigbiene zu züchten, die den Herausforderungen der konventionellen Haltung standhalten kann. Über die Königinnenzucht und Vermehrung liest du mehr in Kapitel vier.

Auch die vierzig Liter Raumvolumen einer Bienenbehausung, die Bienen in der freien Natur bevorzugen, werden in den Magazinbeuten der konventionellen Imkerei vervierfacht oder sogar verfünffacht.

Ein Raumvolumen von bis zu zweihundert Litern verursacht einen permanenten Mangelzustand, denn die Bienen werden ihrem Bedürfnis nach Vorratssicherheit (siehe Kapitel 1) folgen und für einen ausreichenden Wintervorrat sorgen. So geraten Völker weniger ins Schwärmen, denn ein Schwarm würde fast nie eine mit Honig unterversorgte Kolonie zurücklassen.

BEHAUSUNG

Bei der Beutenauswahl ist konventionellen Imker*innen jedes Material recht, es sollte auf jeden Fall arbeitserleichternd und deshalb möglichst einheitlich und energiesparend für die Bienenvölker sein. So verwenden sie neben Holz gern auch Styropor und andere Kunststoffe für ihre imkerlichen Beuten, da zum Beispiel Styropor im Vergleich zu baugleichen Holzbeuten besser die Wärme im Bienenvolk halten kann.

Bei der Innenausstattung der Beuten nutzen konventionelle Imker* innen die bereits erwähnten Rähmchen. Diese sind dabei nicht selten ebenfalls aus Kunststoff, denn so brechen sie auch nicht bei schnelleren Umdrehungen in einer Honigschleuder.

Acht Kunststoffrähmchen hängen im Honigraum dieses konventionell bewirtschafteten Volkes. Wenn die Kunsstoffrähmchen vor dem Einhängen in das Volk mit Wachs bestrichen worden sind, bauen die Bienen ihre Zellen auch hier auf einer vorgegebenen Zellstruktur auf.

UMGANG MIT KRANKHEITEN

Bienenkrankheiten werden auf konventionelle Art mit allen zugelassenen Medikamenten und Methoden bekämpft. Synthetisch hergestellte Medikamente werden genauso verwendet wie natürlich vorkommende Säuren (Ameisen-, Milch- oder Oxalsäure), zum Beispiel, wenn es um die Bekämpfung der Varroamilbe geht.

Schwächere Völker werden möglichst schnell aufgelöst und auf keinen Fall vermehrt oder aufgepäppelt, das würde viel mehr Zeit kosten, als die gesunden Muttervölker zu teilen und neue Jungvölker zu erstellen.

HONIGERNTE

Die Honigernte wird in der konventionellen Imkerei so richtig großgeschrieben und häufig werden bis zu fünfzig Kilogramm pro Volk und Saison geerntet, wenn mit den Völkern gewandert wird, sogar bis zu hundert Kilogramm pro Jahr und Volk.

Für die Wanderung, die übrigens auch einige Kolleg*innen der Bioimkerei unternehmen, werden die Bienenvölker zu weit entfernten Blühflächen gefahren, um dort Honig zu sammeln. Zur Raps-, Akazien- oder Waldhonigernte sind die Bienenvölker nicht selten mehrere Stunden mit dem Auto oder LKW unterwegs.

Wird der Honig schließlich geerntet, kommen effiziente Erntemaschinen zum Einsatz, sie sind größer als bei den meisten Freizeitimker*innen. Von konventionellen Imkern kann man schon sagen, dass sie bei der Honigernte auch gern neue Erfindungen ausprobieren, um noch effizienter zu arbeiten.

Je nach Völkerzahl und wegen der häufigen Reisen mit den Völkern (Wandern), ist der zeitliche Aufwand in der konventionellen Imkerei sehr hoch.

Neben der Völkerpflege und Fahrtzeit kommt nach der Ernte noch der Aufwand für das Füttern der Völker mit Zucker hinzu. Gestandene konventionelle Imker*innen haben einmal klein angefangen, die Imkerei mit meist dreistelligen Völkerzahlen aber meist zum Beruf gemacht.

Als Anfänger*in in der konventionellen Imkerei benötigst du grob gerechnet bei drei bis fünf Völkern in der Hauptsaison von Mai bis Juli circa zweieinhalb bis fünf Stunden pro Woche, je nachdem, ob du die oben beschriebenen Arbeiten alle umsetzen möchtest.

Hinsichtlich deiner Ausrüstung hast du fast alle Werkzeuge, die der Handel bietet, griffbereit, auch für die Königinnenzucht bist du bestens versorgt. Zur Materialauswahl (du ahnst es bereits) findest du mehr in Kapitel 4.

Deine Gründe für die Bienenhaltung - welche Betriebsweise sagt dir zu?

Das sind sie also, die vier wesentlichen Strömungen der Imkerei. Keine dieser Betriebsweisen ist in Stein gemeißelt. Im Gegenteil, es wäre meiner Meinung nach ein Fehler, wenn du dich bei deinem Einstieg in die Freizeitimkerei für eine entscheiden und strikt dabei bleiben würdest. Die verschiedenen Aspekte lassen sich miteinander kombinieren und du solltest in Erwägung ziehen, dies auch zu tun.

So machen es auch Bienenvölker, denn der gesündeste und beste Honig ist immer noch der, dessen Nektar von vielen verschiedenen Pflanzen zusammengetragen wird. Nimm dir ein paar Tage Zeit für deine Entscheidung. In meiner fast 10-jährigen Imkereigeschichte hatte ich keinen derartigen Leitfaden, den ich dir mit diesem Buch heute biete, und so dauerte es nicht nur ein paar Tage, sondern Jahre, bis ich meine Betriebsweise gefunden hatte.

Dabei hat sich meine Art zu imkern über die Zeit sehr stark gewandelt. Nur eines ist dabei immer gleichgeblieben: Bis heute liegen mir die Bienen am Herzen und das wird auch immer so bleiben.

Du hast schon jetzt mit diesem Buch alle Möglichkeiten beim Imkern im Blick und musst dich nur noch mit ihnen vertraut machen, um dich dann zu entscheiden.

Nimm dir also die Zeit. In der Natur wächst auch der größte Apfelbaum nicht an einem Tag.

Gerne erinnere ich mich noch heute an mein erstes Volk im Sommer 2012. Dieses Bienenvolk war nur ein kleiner Haufen, ja, es bestand nur aus zwei

Handvoll Bienen, die wohl von einem Schwarm übriggeblieben waren und deren einziger Grund, noch weiter im Gras zu verweilen, eine tote Königin war. Von einem Imker bekam ich eine kleine Behausung für mein Minivolk und so half ich den Bienen mit der Zugabe von junger Bienenbrut, selbst für eine neue Königin zu sorgen. Mit diesem Volk wäre ich nicht auf die Idee gekommen, wirtschaftlich etwas aus meiner Handvoll Bienen zu machen. Ich wollte ihnen einfach nur beim Überleben helfen, ihnen wieder eine Behausung und eine neue Königin schenken und sie vor dem Tod beschützen.

Mein erstes Bienenvolk benötigte eine Behausung und vor allem eine neue Königin. Als Imker gelang es mir dem Volk beides zu geben.

Hätte ich damals schon vom Leben der Bienen in Baumhöhlen gewusst, dann wäre ich vielleicht sofort ein Artenschützer geworden. Doch in meiner Ausbildung zum Imker spielten die Bedürfnisse der Honigbiene eine untergeordnete Rolle. Und so lernte ich damals nichts über das natürliche Leben der Honigbienen, sondern erfuhr nur, wie ich mit einem Bienenvolk arbeiten, es bewirtschaften und beeinflussen kann. Die Ausbildung beinhaltete neben der Königinnenzucht und Völkervermehrung auch die

Behandlung der Varroose, etwas anderes gab es nicht. Ich lernte wie man die einzelnen Brutwaben in den flexiblen Rähmchen konventioneller Beuten betrachtet, denn das war für die Varroabehandlung ein Muss.

Vielleicht klingt es jetzt so, als würde ich die konventionelle Art der Imkerei heute nicht mehr mögen, doch das stimmt überhaupt nicht. Ich liebe es noch immer, das erstaunliche Leben von Honigbienen innerhalb des Volkes mit eigenen Augen sehen zu können und zum Beispiel Babybienen beim Schlüpfen zuzusehen. Deshalb kann ich bis heute nicht darauf verzichten, mit imkerlichen Beuten zu arbeiten und das Volk auf einzelnen Waben zu betrachten. Ich bin zudem jedes Jahr aufs Neue begeistert, wie viel Honig ein einziges Bienenvolk in einer Saison sammeln kann, wenn es in imkerlichen Behausungen gehalten wird. Es erfüllt mich mit Dankbarkeit, durch den Verkauf von Honig meiner Völker mit Menschen ins Gespräch zu kommen.

Kein Tier ist besser geeignet als die Honigbiene, um zu erfahren, dass wir alle ein Teil der Natur sind, in der alles seinen Platz hat und jeder seinen Weg findet.

Für mich galt von Beginn an, dass nicht Glück das Ziel meiner Bienenhaltung war, sondern die Art, wie ich jedes Jahr mit den Bienen Neues entdecke und Faszinierendes erlebe. Nachdem ich also als Allererstes ein wenig Artenschutz betrieben hatte, dann jedoch in der konventionellen Freizeitimkerei ausgebildet worden war, wollte ich noch mehr von der Welt der Bienen sehen. Mit Anfang zwanzig bereiste ich die Welt der Imkerei und lernte die Lebensbedingungen der Bienen auf den unterschiedlichsten Kontinenten kennen.

In Australien zum Beispiel reisten wir mit hundert Bienenvölkern auf dem LKW sieben Stunden vom Bundesland Victoria nach New South Wales, um dort Orangenplantagen zu bestäuben und intensiv duftenden Orangenblütenhonig zu ernten. In Neuseeland war ich unter anderem bei den

Tweedales, einer Familie, die schon damals 18.000 Bienenvölker bewirtschaftete und pro Jahr achthundert Tonnen Honig erntete. In Kanada lernte ich eine junge Familie kennen, die sich mit der eigenen Imkerei selbstständig gemacht hatte und mehrere hundert kleiner Bienenvölker an Neuimker*innen verkaufte und jedes Jahr bis zu tausend Königinnen züchtete. In Amerika, Kalifornien kam es mir so vor, als ob die Honigbienen nur für die 21-tägige Bestäubung der monumentalen Mandelplantagen da waren und dafür ein Jahr lang mit Zuckersirup und Pollenersatz am Leben erhalten wurden.

*In Amerika platzierte ich vierundzwanzig Bienenvölker an einem Feld mit Melonenpflanzen. Von den reifen Früchten sollte später Saatgut geerntet werden, das dann im Baumarkt oder im Gartencenter Hobby-Gärtner*innen zur eigenen Aussaat angeboten wird.*

Nach dieser Reise stellte ich mir nach all den reichhaltigen Eindrücken und Erfahrungen mit der konventionellen Imkerei die Frage: Wie weit möchte ich mich mit meiner eigenen Imkerei von der Natur entfernen und was weiß ich eigentlich über wildlebende Honigbienen in Baumhöhlen?

Eigentlich wusste ich damals, bis auf die Lebensweise von Honigbienen in imkerlichen Beuten, nichts über Honigbienen, vor allem nicht, wie sie ohne den Menschen überleben können. Ich war einundzwanzig Jahre und begann gerade mit meiner schulischen Ausbildung zum Erzieher. Neben der Ausbildung nutzte ich die Zeit, um auch die letzten Wissenslücken über die Imkerei und die Bienen tiefgreifend zu schließen: ich entdeckte das natürliche Leben der Biene in Baumhöhlen.

Auch wenn ich heute schon fast mein ganzes Leben lang Erkenntnisse über die Imkerei gesammelt habe, weil sie mich so sehr begeistert, stehe ich doch immer wieder wie ganz am Anfang da, denn es sind noch so viele Dinge über Honigbienen ungeklärt. Auch du wirst vielleicht viele Jahre Imker*in sein und Erfahrung sammeln und doch genau wie ich nie aufhören dazuzulernen. Natürlich nimmt die Erfahrung mit den Jahren zu, aber immer wieder stelle ich erstaunt fest, wie wenig wir Menschen über die Natur wissen, besonders darüber, wie sie all die verschiedenen Lebewesen in Einklang bringt.

Mit eigenen Honigbienen und der Beschäftigung mit ihnen und ihrem Leben gehst du auf jeden Fall den ersten Schritt, um den Zauber der verborgenen Mechanismen der Natur zu entdecken.

Ich selbst imkere heute mit fast allen Behausungstypen der vier Hauptströmungen. So kann ich dir helfen, deinen Weg in die Imkerei zu finden und deinen Gründen, mit der Bienenhaltung zu beginnen, eine Form zu geben. Für dich sammle ich auch nach fast zehn Jahren mit eigenen Bienen immer noch praktische Erfahrungen mit unterschiedlichen Bienenbehausungen und bilde mich ständig weiter fort.

Damit du zu der Frage, wie dein Weg in die Bienenhaltung nun aussehen könnte, handfeste Antworten mitnehmen kannst, vergegenwärtige dir noch einmal die oben beschriebenen Imkertypen: Artenschützer*innen, wesensgemäße oder naturnahe Imker*innen, Bioimker*innen und die konventionellen Imker*innen.

Gerade weil du dich nicht nur einer dieser wesentlichen imkerlichen Strömungen zuordnen musst, helfen dir vielleicht folgende Fragen weiter, wenn du über dein Vorhaben mit der Bienenhaltung nachdenkst. Lies sie dir durch und gehe in dich, dann wird dein Weg zur eigenen Imkerei sicher gleich viel klarer.

- **Wie weit möchtest du dich von der Natur entfernen?** Soll es ganz natürlich sein, ohne jede Änderung an der Lebensweise der Bienen, oder möchtest du beispielsweise dein Volk auch bei der Arbeit sehen und betrachten können?

- **Welche dir bekannten Praktiken lehnst du beim Imkern generell ab?** Möchtest du deine Bienen zum Beispiel nicht schwärmen lassen oder sind lange Wanderungen mit den Bienen für dich ein No-Go?

- **Was sagt dir beim Imkern zu?** Möchtest du auf jeden Fall Honig ernten oder ist das Beobachten der Bienen in einer Baumhöhle dein Ding?

- **Welche Bienenwohnung kommt für dich infrage?** Möchtest du wie ich verschiedene Behausungen ausprobieren oder darf es bei dir nur praktisch und einheitlich sein?

- **Wie möchtest du mit Bienenkrankheiten umgehen?** Möchtest du auf eine Baumhöhle setzen und den Bienen diese Aufgabe überlassen oder willst du dich selbst um die Gesundheit der Bienen kümmern, weil du die Insekten in imkerlichen Beuten halten möchtest?

- **Wie gestaltest du die Honigernte?** Möchtest du den Bienen ihren Honig komplett überlassen oder ein paar Kilogramm bzw. gleich mehrere Zentner Honig ernten?

- **Welche Materialausstattung wünscht du dir?** Lieber nur das Nötigste mit einer Grundausrüstung und den Behausungen für die Bienen? Oder probierst du gerne viele Werkzeuge und Tools für zum Beispiel die Königinnenzucht aus?

Vielleicht hast du bei diesen Fragen zwei Dinge festgestellt: Zum einen, dass sich die Fragen an einigen Stellen überschneiden oder gegenseitig bedingen. Zum Beispiel entscheidet die Behausung auch über den Umgang mit Krankheiten und die Art der Honigernte. Zum anderen wirst du sicherlich insbesondere zum Material noch viele offene Fragen haben, wenn du bisher kein Vorwissen dazu hattest.

Diese Fragen werden wir im weiteren Verlauf dieses Buches klären. Du wirst beim Lesen noch mehr Erkenntnisse und auf jeden Fall noch mehr Klarheit über dein Vorhaben gewinnen.

Da sich deine Einstellung zur Bienenhaltung nach dem Lesen des restlichen Buches also noch verändern kann, hilft es dir vielleicht, diese Stelle hier im Buch zu markieren und immer mal wieder zu den sechs Fragen in diesem Kapitel zurückzukehren

Zusammenfassung

WAS HAST DU BISHER ÜBER DIE BIENENHALTUNG GELERNT?

Wer mit der Imkerei beginnen will, der muss kaum Voraussetzungen erfüllen, sondern sie vielmehr schaffen.

Je nachdem welche Behausung du für deine Bienen wählst, gestaltet sich auch die Art und Weise, wie du imkern wirst.

Wir unterscheiden bei den Behausungen für Bienen zwischen imkerlichen Beuten und natürlichen Behausungen wie Baumhöhlen oder Baumhöhlensimulationen.

Imkerliche Beuten sind Behausungen, die speziell für die Bienenhaltung hergestellt werden. Sie entsprechen in vielerlei Hinsicht nicht den natürlichen Bedürfnissen der Honigbienen. Das Imkern mit ihnen unterliegt dabei gesetzlichen Verpflichtungen, die vor allem den Umgang mit Bienenkrankheiten regeln.

Eine Baumhöhlensimulation oder von Menschen ausgehöhlte Baumstämme (Klotzbeuten) sind dagegen keine imkerliche Beute, denn sie ahmen eine natürliche Baumhöhle nach, in der neben Honigbienen auch viele andere Waldbewohner einziehen könnten.

Ausschließlich Artenschutz zu betreiben und mit einer Wildtierbehausung auch Bienen einen Lebensraum zu schenken unterliegt keinen gesetzlichen Regelungen. Bei der klassischen Imkerei sind diese für die Gesundheit aller Völker jedoch zwingend notwendig und müssen eingehalten werden.

Erstmal kann jeder ohne gesetzliche Hürden oder Vorschriften Imker*in werden. Imker*in zu sein, bringt dann jedoch Verantwortung mit sich. Dieser solltest du vor allem den Bienen gegenüber gerecht werden.

Die verschiedenen Betriebsweisen der Imkerei geben eine erste grobe Richtung vor und sollten in die Überlegungen für den eigenen Weg miteinbezogen werden. Sie zeigen auf, wie Bienen gehalten werden können und welche Haltungen hinter der jeweiligen Betriebsweise stecken.

Die Betriebsweisen unterscheiden sich vor allem dadurch, wie weit sie von dem natürlichen Leben der Bienenvölker in Baumhöhlen entfernt sind, aber auch in der Haltung des/r Imker*in zur Biene und zur Nutzung von Hilfsmitteln. Die Betriebsweisen der Imkerei unterscheiden sich ferner in der Art der imkerlichen Behausungen, dem Umgang mit Bienenkrankheiten und der Gestaltung der Honigernte.

Und schließlich bestimmt die Betriebsweise die Zeit, die du in deinen ganz eigenen Weg stecken willst und ob oder wie stark du die Bienen nutzen möchtest. Dabei gilt: Du benötigst umso mehr Zeit beim Imkern, je mehr du dir die Bienen zunutze machst und je intensiver du die Völker bewirtschaftest, dich also von der Natur entfernst.

Wenn du dir die natürlichen Bedürfnisse der Bienen vor Augen führst und dir überlegst, wie viel Zeit du zur Verfügung hast oder dir schaffen kannst, ist es leichter, noch vor dem Start eine passende Betriebsweise auszuwählen. Doch auch hier gilt: Du entscheidest selbst über deine Art der Bienenhaltung und kannst jederzeit zwischen Betriebsweisen wechseln oder diese kombinieren und so für dich anpassen.

KAPITEL 4
VORAUSSETZUNGEN SCHAFFEN

An dieser Stelle solltest du dir schon eine grobe Vorstellung von deiner Imkerei gemacht haben, damit wir in diesem Kapitel ganz konkret an die Umsetzung gehen können. Gehe bei Bedarf noch einmal die letzten Kapitel, insbesondere Kapitel 3, durch.

Bist du startklar? Dann warten auf dich in diesem Kapitel Antworten auf folgende Fragen:

- **Wo kannst du Bienenvölker am besten aufstellen?**
- **Welches Material benötigst du für deine Imkerei?**
- **Wie sieht deine Art, Honig zu ernten, aus, wenn du dir die Ernte vorgenommen hast?**

Und noch viele andere Fragen werden beantwortet. Neugierig? Dann lies gerne ohne Pause weiter.

Den besten Standort finden

Alles beginnt mit dem richtigen Standort für die Bienenbehausungen. Sie ergeben sich aus deinen Überlegungen zur Betriebsweise der Imkerei.

Bei der Suche nach einem geeigneten Standort für deine Bienenvölker sind zuerst die Bedürfnisse der Bienen zu berücksichtigen (Kapitel 1). Zum anderen solltest du jedoch auch deine imkerlichen Vorhaben in die Auswahl des Standortes miteinbeziehen (Kapitel 2 und 3). Eine Baumhöhlensimulation in einem echten Baum aufzuhängen, bedarf eines anderen Standorts als die Arbeit mit imkerlichen Beuten, die du vielleicht öffnen oder aus denen du Honig ernten möchtest.

Ganz generell ist der beste Standort natürlich der Wald, genauer gesagt eine Baumhöhle in mehreren Metern Höhe[36]. Hier leben Bienen am liebsten, wenn Menschen keine Mitsprache haben.

Der Wald mit seinem Klima kann Honigbienen alles bieten, was sie zum Leben brauchen. Eine meterhohe Baumhöhle, Wasserstellen und natürlich Pflanzenquellen, um an Nektar, Pollen oder Baumharze zu gelangen.

Da du meist nicht im Wald imkern möchtest und auch nicht mal eben auf Bäume klettern kannst, um dort bei den Bienen vorbeizuschauen, solltest du dich im nächsten Schritt, zumindest für die Bienenhaltung im eigenen Garten, an den Bedingungen des Waldes orientieren. Schaffe oder finde ein Plätzchen, das dem Wald so ähnlich wie möglich ist.

Folgende Standortkriterien erfüllen dabei die Bedürfnisse eines Bienenvolkes auch in deinem Garten:

- **Die Völker stehen an einem halbschattigen und windstillen Platz.** Beobachte doch einmal an einem sonnigen Tag, in welchen Bereichen deines Grundstücks dieser zu finden ist oder an welchen Stellen es selbst bei Wind immer ruhig ist.

- **Der Standort ist erhöht, so dass deine Bienenvölker keinen unmittelbaren Bodenkontakt haben** (Vermeidung von Bodenfeuchte, zum Thema Feuchtigkeitsregulation siehe Kapitel 1).

- **Halte nach genügend Ressourcen für die Bienen Ausschau.** In einer Umgebung von bis zu drei Kilometern um den Standort der Bienen herum (Flugradius der Bienen) sollte es genügend Wasser, Pollen, Nektar und Baumharze geben. Auf diesen Punkt musst du nur in landwirtschaftlich intensiv bewirtschafteten Gegenden mit zum Beispiel großflächigem Getreide- oder Maisanbau achten. In den meisten Fällen können sich die Bienen überall ausreichend versorgen.

- **Vor dem Flugloch sollte für "den kleinen Großflughafen" ein ungestörter Platz für Start und Landungen sein.** Stelle die Bienenvölker so auf, dass der Flugbetrieb der Bienen deine Nachbarn und Mitmenschen nicht beeinträchtigt, denn bei sonnigem und warmem Wetter fliegen auch bei nur einem Bienenvolk hunderte Bienen ein und aus, und zwar pro Minute!

- **Das Flugloch der Bienen sollte optional nach Süden ausgerichtet sein**, denn so bekommen die Bienen über den Tag mehr Wärme, als wenn der Eingang nach Norden ausgerichtet wäre.

- **Prüfe, ob du an deinem Standort für Diebstahlschutz sorgen musst** bzw. wähle den Standort so aus, dass nicht alle Welt sehen kann, wo deine Bienen stehen. Zwar gibt es bei uns kaum Bären, die den Honig klauen könnten, aber leider menschliche Langfinger, die ganze Völker stehlen. Sollte dein Standort mit einem Zaun und Schloss geschützt sein, dann stelle unbedingt sicher, dass du trotzdem jederzeit Zutritt zu den Bienen hast.

- **Hol dir die Erlaubnis des Grundstückseigentümers.** Auch wenn die Bienenhaltung per Gesetz ortsüblich ist und das Betreiben von Artenschutz mittels Bienenhaltung in Baumhöhlensimulation generell erlaubt ist, sollte das Grundstück für den Bienenstandort entweder dir gehören oder du solltest die Genehmigung des Besitzers einholen. Im öffentlichen Raum wie zum Beispiel in Wäldern ist grundsätzlich eine Erlaubnis einzuholen, sobald etwas aufgestellt wird. Behausungen für Bienen gehören auch dazu. Zwar ist eine Baumhöhle auch in Schrebergärten streng genommen keine Bienenwohnung im Sinne des Gesetzes, dennoch empfehle ich dir, dein Vorhaben mit dem Kleingartenverein abzusprechen und eventuelle Bedenken vorher aufzuklären.

- **Genügend Abstand zwischen den Völkern einhalten.** Mehrere Bienenvölker sollten so weit wie möglich voneinander entfernt aufgestellt werden, um zu verhindern, dass sich kranke Bienen eines Volkes in ein anderes verirren. Im Wald sind zwei Völker meist einen Kilometer voneinander entfernt[37].

Du siehst, wie schwer es ist, die Vorgaben der Natur in deinem Garten nachzustellen, denn es sind auch deine Interessen, die den Standort der Bienen beim Imkern beeinflussen.

Verabschiede dich deshalb von der Vorstellung des perfekten Standortes. Den gibt es in deinem Garten meist nicht. Auch die oben genannte Regel, dass Fluglöcher nach Süden ausgerichtet sein sollten, ist der Natur nach wichtig, jedoch nicht allesentscheidend. Es kommt auf das Endergebnis an, nicht auf die einzelnen Faktoren.

DU HAST KEINEN EIGENEN GARTEN FÜR BIENEN?

Wenn du deine Bienen nicht im Garten aufstellen möchtest oder kannst, aber auch, wenn du mit den Völkern wandern möchtest, um zum Beispiel in einem Rapsfeld Honig zu ernten, dann hilft dir bei der Suche nach einem geeigneten Standort Folgendes:

Gehe im Verlauf des Jahres aufmerksam durch die Landschaft, vielleicht kennst du dich auch schon in der Natur deiner Umgebung aus. Wenn du darauf achtest, wirst du sicherlich bemerken, ob am gewünschten Aufstellort zahlreiche Blumen und Bäume wachsen und die Bienen möglichst von Frühling bis Spätsommer eine Blütenpracht, Baumharze und Wasser, sprich ein gutes Versorgungsnetz, vorfinden werden. Auch entdeckst du so Orte, an denen Landwirte vielversprechende Ackerpflanzen für deine Bienen anbauen. Hast du einen Ort entdeckt, dann gilt es, Kontakt aufzunehmen und nach einer Genehmigung zu fragen.

Wenn du dir nicht sicher sein solltest, ob ein Standort für Bienen geeignet ist, dann probiere den unbekannten Standort zunächst mit maximal zwei Völkern ein Jahr lang aus. In der Natur würden es Bienenschwärme genauso tun. Wenn sie eine geeignete Baumhöhle gefunden haben, dann zieht der Schwarm erst einmal ein. Eine ausreichende Futterversorgung ist für den Bien erst dann von Bedeutung, wenn er eine Behausung gefunden hat. Im schlimmsten Fall überleben wildlebende Honigbienenvölker oder die Bienen in von dir besiedelten Baumhöhlensimulationen das Bienenjahr an ungeeigneten Orten nicht. Beim Testen neuer Standorte eignen sich demnach Bienenvölker in imkerlichen Behausungen besser, weil du dich hier im Notfall um die Bienen kümmern kannst. Sobald du feststellen musst, dass die getestete Landschaft nicht genug Nahrung für die Völker hergibt, kannst du die Bienen zum Beispiel füttern oder von dem Ort entfernen.

Halte unbedingt nach Imker*innen in deiner Region Ausschau, sie imkern häufig schon viele Jahre vor Ort und wissen am besten, welche Standorte geeignet sind und welche nicht. Zusätzlich könntet ihr euch abstimmen, um zum Beispiel zusammen mit den Bienen wandern zu gehen.

Solltest du dich für die Bienenhaltung in imkerlichen Beuten entscheiden und auf den ausschließlichen Artenschutz mit Baumhöhlen verzichten, dann sind zwei weitere Punkte bei der Auswahl eines geeigneten Standorts für dich zu bedenken:

- **Anmeldung bei der zuständigen Behörde.** Damit du rechtzeitig über das Auftreten von Bienenkrankheiten in deiner Region informiert wirst, ist es rechtlich verpflichtend, dem zuständigen Amt in deiner Region (Veterinäramt) die Anzahl der gehaltenen Bienenvölker in imkerlichen Beuten und deren genauen Standort mitzuteilen. Gesetze hin oder her, angesichts der Gesundheit deiner Völker solltest du die Anmeldung beim Veterinäramt auf jeden Fall tätigen.

- **Optimal wäre für den Standort noch eine Lagermöglichkeit für dein Material zum Imkern.** So sind die Wege kurz und du hast alle wichtigen Werkzeuge griffbereit. Oder du fährst mit dem Auto zu den Bienen und bringst die Ausrüstung und das Material jedes Mal mit. Achte dann unbedingt darauf, dass der Standort auch tatsächlich uneingeschränkt mit dem Auto erreichbar ist, sonst bekommst du bei einer schweren Honigernte lange Beine.

Nachdem du dir nun Gedanken zum Standort der Bienenvölker in deinem Garten oder woanders machen konntest und dich vielleicht schon für einen Ort entschieden hast, werden wir uns nun ansehen, welche Bienenbehausungen und welches Material den vier Betriebsweisen konkret zuzuordnen sind.

Behausung und Material für Artenschützer*innen

Neben der Behausung, einer Baumhöhlensimulation oder einem selbst ausgehöhlten Baumstamm (Klotzbeute) benötigst du im Prinzip nur noch Honigbienen, um zu starten.

Der Schiffertree ist die erste massentaugliche Baumhöhlensimulation für den Artenschutz von Wildtieren wie Honigbienen.

Die Kosten für eine Baumhöhlensimulation liegen bei circa 750 € inklusive Versand. Wer eine Klotzbeute selbst herstellen möchte, kann einen Kurs über das Aushöhlen eines Baumstammes belegen und die so geschaffene Klotzbeute meist gleich mitnehmen. Die Kosten sind etwa genauso hoch wie bei einer fertig zusammengebauten Baumhöhlensimulation. Einmal aufgestellt findet ein Bienenschwarm allein den Weg in deine Baumhöhle oder Klotzbeute, wenn du genügend Zeit mitbringst.

Alternativ kannst du auch einen durch Imker*innen künstlich erzeugten Bienenschwarm, einen Kunstschwarm, kaufen, der wie sein natürliches Vorbild aus Arbeiterbienen und einer Königin besteht und sich nur in der Art der Entstehung unterscheidet. Ein Kunstschwarm wird wie ein normaler Bienenschwarm aus mindestens 10.000 Bienen (circa 1 kg Bienen) und einer begatteten Königin zusammengestellt und die Bienenmasse von einem Muttervolk abgefegt. Ein Kunstschwarm kann in jede Behausung gegeben werden, egal welcher Art sie ist.

Beim Bienenkauf solltest du unbedingt auf ein Gesundheitszeugnis achten. Die Kosten für einen Kunstschwarm richten sich nach Gewicht und liegen aktuell, inklusive Königin, bei 80 € bis 120 € pro Kilogramm Bienenmasse.

Was schließlich das Material zur Bienenhaltung betrifft, wenn du Honigbienen auf die natürlichste Weise in Baumhöhlen halten möchtest, dann ist deine imkerliche Ausrüstung für die Arbeit mit den Bienen schnell zusammengestellt.

Du brauchst so gut wie keine!

Nur wenn du einmal im Jahr etwa zwei bis drei Kilogramm Honig ernten möchtest, kann neben einer angepassten Baumhöhlensimulation mit Honigring eine Grundausrüstung sinnvoll sein.

Die Einzelteile dieser Grundausrüstung beschreibe ich in diesem Kapitel weiter unten.

Imkerliche Beuten und Ausrüstung

Vielleicht gehörst du auch zu den Imker*innen, die wie ich neben dem Artenschutz und reinen Fluglochbeobachtungen aktiv in ihren Bienenstock schauen wollen und liebend gerne in imkerlichen Beuten mit den Bienen arbeiten möchten. Vielleicht möchtest du Bienenwaben entnehmen und betrachten, Honig ernten und vielleicht sogar selbst Völker vermehren? Oder du möchtest die imkerlichen Tätigkeiten im Jahresverlauf erleben? All diese Vorhaben benötigen neben einer imkerlichen Beute meist auch die richtige Ausrüstung, auf die Artenschützer*innen mit einer baumhöhlenähnlichen Behausung verzichten können.

Welche imkerlichen Behausungen dir für dein Vorhaben konkret zur Verfügung stehen und welches Material du für das Bewirtschaften von Bienenvölkern benötigst, erfährst du jetzt.

BIENENKORB UND EINRAUMBEUTEN

Einraumbeuten und Bienenkörbe sind vor allem für die naturnahe Imkerei geeignet. Alles befindet sich in einem festgelegten und gleichbleibenden Raum, der kaum oder gar nicht erweitert werden kann. Einraumbeuten, auch Trogbeuten genannt, und Bienenkörbe ermöglichen es den Bienen, freihängende und doch mit der Behausung fest verbundene Waben zu bauen. Auch Warré-Beute und Bienenkiste gehören zu diesem Beutentyp. Mit ihnen ist es meist nicht möglich, die Waben flexibel zu bewegen oder gar zu entnehmen, und somit ist es sehr schwierig, die einzelnen Zellen der Waben zu betrachten. Auch das Verstärken eines schwächeren Volkes mit Bienenwaben eines anderen Volkes ist kaum machbar, da die Waben mit der Behausung fest verbunden sind und sich nur schwer lösen lassen. Bei Völkern, die auf festverbauten Waben leben, hast du zur Verstärkung schwächerer

Völker nur die Möglichkeit, reine Bienenmasse aus anderen Völkern einzusetzen.

Meist ist der Bienenkorb nur noch auf Märkten zu sehen. Dennoch können auch heute noch Bienenvölker darin gehalten werden.

In manchen Bienenkisten und beim sogenannten Top-Bar-Hive werden die Waben der Bienen dagegen an beweglichen Oberträgern (englisch: Top-Bar) des Bienenstocks (englisch: Hive) gebaut und sind nicht fest mit der Behausung verbunden (siehe Foto Kapitel drei, naturnahe Imkerei). Oberträger ermöglicht es hier, die Bienenwaben flexibel zu bewegen und das Bienenvolk auch von allen Seiten zu betrachten.

Im Vergleich zu Beuten mit fest verbauten Waben lässt sich das einzelne Volk mit dem Top-Bar-Hive dadurch leicht mit Waben eines weiteren Top-Bar-Hives verstärken.

Ob fest mit der Behausung verbaute oder an die Oberträger gebaute Waben, bei der Honigernte mit Einraumbeuten und Bienenkörben gilt es einen weiteren Punkt zu bedenken. Um an den Honig zu gelangen, werden die Waben häufig gepresst und somit zerstört. Dies fördert zum einen den Bau von rückstandsfreien, neuen Waben im Volk, bedingt aber auch eine zusätzliche Mehrarbeit für die Bienen.

Auf der anderen Seite werden naturnahe Imker*innen trotz der Schwierigkeiten bei der Honigernte die festverbauten Waben ihrer Völker schätzen, da diese Form des Wabenbaus allein aus wärmetechnischen Gründen für die Bienen von Vorteil ist. Wie in Kapitel 1 beschrieben entstehen durch diesen Wabenbau mehrere geschlossene Wabengassen, die jeweils eine Art Wärmekammer bilden.

Manche Einraumbeuten ermöglichen die Verwendung von Rähmchen, mit denen du die einzelnen Bienenwaben flexibel bewegen kannst (zum Beispiel Mellifera-Einraumbeute, Bienenbox von den Stadtbienen e.V., Bremer- oder Golzbeute). Dabei müssen die Bienen auf den festen Verbau ihrer Waben mit der Behausung verzichten, können dafür jedoch ihre Honigwaben trotz Honigernte über mehrere Jahre erhalten.

Gerade beim Imkern mit Einraumbeuten erstreckt sich der Wohnraum für die Bienen meist sehr in die Breite, weil Einraumbeuten horizontal gebaut sind und nicht wie eine Baumhöhle vertikal. Die Wärme kann sich nicht über den Bienen stauen, was ohne entsprechende Vorsorge bewirkt, dass die von den Bienen erzeugte Wärme sehr schnell zur Seite abströmt.

Um auch in eher horizontal ausgedehnten Einraumbeuten für einen entsprechenden Wärmehaushalt zu sorgen, sollte der den Bienen zur Verfügung stehende Raum immer an die Volksstärke angepasst werden. Gerade wenn die Volksstärke deutlich kleiner ist als der für die Bienen verfügbare Innenraum einer Beute, empfiehlt es sich, einen sogenannten Trennschied einzusetzen, um den Raum an die Größe des Volkes anzupassen. Ein Trennschied verkleinert den Raum, der den Bienen zur Verfügung steht, und verhindert, dass die Stockwärme in unbesetzte Ecken der Behausung abströmt. Gerade bei Einraumbeuten solltest du dir einen passenden Trennschied kaufen. Preislich liegt ein Trennschied je nach Modell und Wärmedämmstoff zwischen 10 € und 85 €.

Die Kosten für Einraumbeuten liegen bei 200 € bis 400 €. Meist wirst du die Bienen gleich dazu kaufen und nicht darauf warten wollen, dass ein Bienenschwarm von selbst einzieht. Außerdem sind Einraumbeuten im Vergleich zu Baumhöhlensimulationen spezielle Bienenbehausungen, die du rechtlich nicht einfach aufstellen kannst, um dann zu warten, dass ein Bienenschwarm einzieht. In § 6 der Bienenseuchenschutzverordnung (BienSeuchV) heißt es zur Verhinderung der Amerikanischen Faulbrut, einer Bienenkrankheit (mehr dazu in Kapitel 6), dass nicht mehr besetze Bienenbeuten stets verschlossen zu halten sind[38]. Dies macht auch Sinn, denn die Amerikanische Faulbrut findet sich fast ausschließlich in Brutwaben bzw. in Teilen imkerlicher Beuten, die einmal von Bienen besetzt waren.

Kaufst du daher ganz neue Bienenwohnungen, die noch nie von Bienen besetzt waren, bewegst du dich in einer Grauzone, denn der Verschluss von Bienenwohnungen bezieht sich im Gesetz nur auf einmal besetzte Wohnungen. Entscheide selbst, ob du neue Behausungen aufstellen möchtest, um zu warten, dass Bienen einziehen, oder ob du gleich die Bienen dazukaufst.

Für Top-Bar-Hive, den Bienenkorb, häufig auch Bienenkiste, und Warré-Beute kommen ausschließlich Honigbienen ohne Wabenwerk infrage, die als Kunstschwarm angeboten werden. Zusammen mit dem erforderlichen Gesundheitszeugnis – auch Seuchenfreiheitsbescheinigung genannt – kannst du dir einen Kunstschwarm mit einer Königin kaufen. Ein Kunstschwarm für den Start sollte pro Beute 1,5 Kilogramm wiegen.

Alternativ kannst du auch selbst nach Naturschwärmen Ausschau halten, die gibt es kostenlos, wenn du einen findest und nicht gerade auf einen zehn Meter hohen Baum klettern musst, um ihn einzufangen.

Für Einraumbeuten mit Rähmchen ist neben einem Kunst- oder Naturschwarm auch der sichere Einzug eines Bienenvolkes mit Brutwaben, auch Ableger genannt, möglich. Ableger sind vollwertige Bienenvölker, also im Vergleich zu Kunstschwärmen schon ein kleiner Bien. Bei Ablegern sitzen die Bienen bereits auf einer Wabenstruktur und haben einen Futtervorrat bzw. Brutzellen angelegt. Insgesamt bietet ein Ableger den Vorteil, dass er schon deutlich weiterentwickelt ist als ein Kunstschwarm.

Erwirbst du Bienen als Ableger, dann sollte das Maß der Rähmchen unbedingt zum Rähmchenmaß deiner Behausung passen. Kuntzsch-Hoch-Rämchen (KHR) passen eben nur in Bienenbehausungen mit KHR-Maßen.

Zu guter Letzt sei noch gesagt, dass besonders Einraumbeuten neben der naturnahen Betriebsweise auch Menschen das Imkern ermöglichen, die körperlich beeinträchtigt sind. Wenn du also zum Beispiel keine schweren Beutenteile tragen kannst, wie es bei anderen Betriebsweisen üblich ist, kommt diese Form der Bienenhaltung eventuell für dich infrage. Warré-Beute, Bienenkorb oder Bienenkiste sind in diesem Fall nicht zu empfehlen, denn sie erfordern das Heben der gesamten Behausung oder Teilen davon.

In diesem Buch habe ich nun das Rähmchen schon mehrfach erwähnt, Zeit also, dass wir uns einmal gezielter auf das Imkern mit dem Holzrahmen konzentrieren, oder? Jetzt gehts los.

VOM IMKERN MIT RÄHMCHEN

Die Imkerei mit Rähmchen ist vor allem für diejenigen interessant, die die Bienen und ihre Waben flexibel bestaunen und betrachten möchten.

Rähmchen machen die einzelnen Bienenwaben zu stabil-beweglichen und austauschbaren Einheiten, was beim Imkern einige neue Möglichkeiten eröffnet. Rähmchen bieten die Möglichkeit, ein Bienenvolk intensiv kennenzulernen und, vor allem bei der Honigernte, trotzdem bienenschonend zu imkern.

Doch Rähmchen bieten noch weitere Möglichkeiten für bewirtschaftete Bienenvölker und insbesondere auch für Imker*innen, die mit den Bienen arbeiten. Fassen wir die Eigenschaften beim Imkern mit Rähmchen einmal zusammen:

- **Einzelne Waben können umfassend begutachtet, entnommen und verarbeitet werden**, da sie nicht fest mit der Bienenbehausung verbaut sind. Die durch das Schlüpfen der Jungbienen mit der Zeit dunkler werdenden Waben können so entnommen und erneuert werden, ohne dass das ganze Volk in Aufruhr versetzt wird.

- **Leichte Kontrolle der Völker möglich.** Durch die leicht einsehbaren Waben werden die in imkerlichen Beuten auftretenden Bienenkrankheiten und andere Auffälligkeiten leichter entdeckt. Der Zustand des Volkes kann bequem eingeschätzt werden.

- **Wabenschonende Honigernte.** Durch die Rähmchen bleiben die Honigwaben bei der Ernte fast vollständig erhalten und können dem Bienenvolk zurückgegeben werden.

- **Zwischen gesunden Völkern können Waben flexibel ausgetauscht werden.** Schwächere, aber noch gesunde Völker werden so gestärkt und starke Völker durch die Entnahme von Waben leicht geteilt. So können Imker*innen die Volksteilung selbst übernehmen, bevor das Volk auf natürliche Weise schwärmt.

Das Imkern mit Rähmchen in imkerlichen Beuten hat somit mehrere Vorteile, wenn du nicht nur Bienenvölker beim Ein- und Ausfliegen zusehen möchtest.

Rähmchen gibt es in verschiedenen Größen. Dabei muss die Rähmchengröße jedoch zu der jeweiligen imkerlichen Beute passen.

Ich sagte ja bereits, dass du dir aus allen Betriebsweisen der Imkerei nach Belieben die besten Dinge für deinen ganz eigenen Weg heraussuchen kannst. Nur darfst du dabei nie die Biene vergessen! Denn selbstverständlich hat die Unterteilung der Waben in Rähmchen, die nicht mehr fest mit der Behausung verbunden sind, Auswirkungen auf das natürliche Leben der Bienen. Diesen Auswirkungen, insbesondere auf die Wärmeregulation, solltest du dir bewusst machen. Du solltest beim Imkern mit Rähmchen zudem wissen, wie du diesen Nachteil für das natürliche Leben der Bienen wieder ausgleichen kannst (zum Beispiel Wärmeregulation mit einem Trennschied, Feuchtigkeitsregulation oder mehr Füttern). Auch sollte dir bewusst sein, dass die Bienen eines Volkes bei der Haltung mit Rähmchen immer mehr Arbeit leisten müssen, als sie in einer Baumhöhle aufbringen würden.

Hier musst du selbst entscheiden, wie du mit den Bienen umgehen möchtest. Bevor du dir ein finales Urteil über die Rähmchen bildest, könnte noch Folgendes für dich interessant sein: Das Imkern mit Rähmchen ist nämlich nicht nur auf die bereits besprochenen Einraumbeuten beschränkt, sondern wird häufig mit den ebenfalls flexibel zu erweiternden Magazinbeuten betrieben, in der sich die Vorteile des Rähmchens umso mehr entfalten können. Dazu kommen wir als nächstes.

MAGAZINBEUTEN

Nachdem ich mich wie ein Artenschützer um ein kleines Bienenvolk gekümmert hatte, begann ich selbst die klassische Imkerei mit Magazinbeuten aus Kunststoff und erlebte insbesondere auf meiner Auslandsreise, dass alle Berufsimker*innen diese Form der Behausung bevorzugten.

Im Wesentlichen werden bei den Magazinbeuten die vielen Rähmchen eines Bienenvolkes in die sogenannten Zargen gehängt. Eine Zarge ist eine rechteckige oder quadratische Kiste ohne Boden und Deckel, in die je nach Rähmchenmaß zwischen acht und zwölf Rähmchen eingehängt werden können. Eine komplette Magazinbeute für ein Bienenvolk besteht im Kern aus mehreren Zargen (mit entsprechenden Rähmchen) und einem Boden bzw. Deckel, der die einzelnen Zargen einrahmt. Der Unterschied zu den Einraumbeuten ist somit bei den Magazinbeuten nicht, dass die einzelnen Rähmchen in die Bienenbeute gehängt werden, sondern, dass die Größe der Magazinbeuten flexibel erweiterbar ist.

Auf der Südinsel von Neuseeland verwendeten auch die von mir besuchten Imker*innen die Magazinbeuten, um jeweils vier Völker auf einer Palette zusammenzustellen. Jedes Volk konnte dabei je nach Volksstärke und Vorhaben der Imker*innen flexibel in seiner Raumgröße erweitert werden.

Und bei einem ganz besonderen Vorhaben in Neuseeland zeigte sich, zu was eine Magazinbeute in der Lage ist.

Alles begann mit dem teuren Manukahonig, der in Neuseeland geerntet wird und von dem du vielleicht schon mal gehört hast. Er wird von den Blüten der Südseemyrte gewonnen, die nur in den Bergen wächst, und kostet gerne mal bis zu 354 € pro Kilogramm. Genau diesen Honig habe ich zusammen mit den Imker*innen in Neuseeland von Bienen in Magazinbeuten geerntet.

Mit einem Kran am Heck des LKW konnten wir gleich drei Zargen voll Honig von nur einer Magazinbeute entnehmen. Hier standen drei Völker auf einer Palette, meistens waren es vier.

Bei diesem Preis lohnt es sich, mehrere Paletten mit je vier Magazinbeuten, durch einen Helikopter zu den abgelegensten Orte zu fliegen. Du hast richtig gelesen, Bienen, die selbst fliegen können, werden in Neuseeland mit einem Helikopter in die Berge geflogen!

Dabei wurde von den Möglichkeiten der Magazinbeuten Gebrauch gemacht. Vor dem Flug mit dem Helikopter wurden die Bienenvölker wie folgt präpariert: Neben zwei Zargen für den Brutraum wurden den Völkern bis zu drei weitere Zargen gegeben, in denen die Bienen Manukahonig einlagern sollten.

Was aus wärmetechnischen und gesundheitlichen Gründen überhaupt nicht zu empfehlen ist, war in Neuseeland eine reine Kosten-Nutzen-Rechnung. Denn auch bei einem derartigen Honigpreis hätte es sich wirtschaftlich nicht gelohnt, jede Woche erneut einen Helikopter zu mieten und mit unseren Imkeranzügen und weiteren Zargen die Völker stückweise zu erweitern. So wurden mehrere Paletten mit jeweils vier Völkern auf einmal in die Berge geflogen und die fünfstöckigen Völker erst nach eineinhalb Monaten wieder abgeholt.

Auch wenn du nicht einen Helikopter mieten willst, um mit deinen Bienen Honig zu ernten, kannst auch du im Laufe des Imkerjahres und je nach Volksstärke die Anzahl an Zargen pro Volk variieren. Insbesondere dann, wenn du eine Menge Honig ernten möchtest, wirst du sicherlich auf Magazinbeuten zurückgreifen. Für ein Volk in einer Magazinbeute benötigst du grundsätzlich mindestens eine Brutzarge und je nach Betriebsweise und Vorhaben zusätzlich noch bis zu drei weitere Zargen. In den Zargen, die am weitesten vom Flugloch entfernt sind, wird dann in der Hauptsaison (Mai bis Juli) von den Bienen der Honig eingelagert. Zwischen Honigzargen und Flugloch liegt das Brutnest.

Eine Magazinbeute mit drei Zargen, allem weiteren Zubehör und Rähmchen kostet 200 € bis 350 €. Während naturnahe Imker*innen oder traditionelle Bioimker*innen bei den Magazinbeuten und den Rähmchen auf natürliche Materialien wie Holz setzen, nutzen konventionellen Imker*innen auch gerne Materialien wie Styropor oder andere Kunststoffe für die Magazinbeuten und auch für die Rähmchen.

Generell können Bienenvölker in einer Behausung aus jedem Material gehalten werden, solange Imker*innen die durch die Behausung entstehenden Auswirkungen auf die Bienen verstehen und wissen, wie sie diese ausgleichen können.

Hier sei noch einmal erwähnt, wie wichtig es ist, noch vor dem Einkaufen von Material und Ausrüstung in deine Bildung zu investieren, genauer gesagt, in dein Verständnis der natürlichen Lebensweise der Honigbiene. Nur so kannst du die Auswirkungen imkerlicher Behausungen auf die Bienen verstehen lernen. Wenn du magst, schau dir doch gerne auf meiner Website den Onlinekurs BeeExpert an, in dem du alles Wichtige über das Leben und die Bedürfnisse von Honigbienen lernen kannst.

Für die Arbeit mit Magazinbeuten stehen dir unter anderem folgende Beuten zur Verfügung, die unterschiedliche Rähmchenmaße fassen können. Die Namen der dazugehörigen Rähmchen stecken häufig in den Bezeichnungen der Magazinbeuten, in der Liste fett dargestellt.

- **Normalmaß**beute (Segeberger Beute)
- **Zander**beute
- Heroldbeute (*zwölf Rähmchen im Normalmaß oder zehn Rähmchen im Zandermaß*)
- Frankenbeute (*zwölf Rähmchen im Normalmaß oder zehn Rähmchen im Zandermaß*)
- **Langstroth**beute
- **Dadant**beute

Diese und andere Magazinbeuten lassen sich in den verschiedensten Materialien erwerben. Von Holz- über Styropor- bis zu PUR-Beuten, einem Hartintegralschaum, die Produktpalette ist sehr vielfältig.

Abgesehen vom Material unterscheiden sich die Magazinbeuten im Beutenmaß und damit in der Rähmchengröße oder umgekehrt. Auch werden im Fachhandel unterschiedliche Böden angeboten.

Um deine Magazinbeute zu finden, kannst du dich grob an folgenden Punkten orientieren:

- **Welches Material** sollte die Magazinbeute haben?

- **Unterschiedliche Maße in nur einer Beute?** Wenn du mehrere Rähmchenmaße in nur eine Magazinbeute geben möchtest, dann wähle die Herold- oder Frankenbeute. Möchtest du mit einer Magazinbeute imkern, die große Bruträhmchen und gleichzeitig einen flachen Honigraum mit kleinen Honigrähmchen hat? Dann wähle die Dadantbeute für leichteres Schleppen bei der Honigernte und größere Entdeckungen bei der Durchsicht deiner Bruträhmchen.

- **Ein einheitliches Rähmchenmaß pro Beute gefällig?** Soll dein Rähmchenmaß im Brut- und Honigraum gleich sein, dann wähle eine Normalmaß-, Zander- oder Langstrothbeute.

Also, welche Rähmchengröße bevorzugst du? Normalmaß, Zander, Langstroth oder Dadant? Schau dir die Maße doch mal in einem Fachgeschäft vor Ort an. Dort findest du sicherlich am besten heraus, welches Rähmchenmaß dir gut in der Hand liegt.

Die Wahl einer bestimmten Magazinbeute bedarf, abschließend gesagt, mehr Aufmerksamkeit, als ich dem Thema in diesem Buch widmen möchte. Denn mit "Glücklich Imkern" geht es mir in erster Linie um den Überblick. Damit du abwägen kannst, ob die Magazinbeute etwas für dich ist oder nicht, reichen die Informationen an dieser Stelle völlig aus. Sollte dir jetzt also das Thema Magazinbeute unter den Nägeln brennen, dann freue ich mich, dir eine grobe Orientierung gegeben und deine Neugier geweckt zu haben. Alle weiteren Details zur Magazinbeute findest du sicher selbst heraus.

Königinnenzucht und Material

Da eine Bienenkönigin das einzige Bienenwesen ist, das die Gene jeder einzelnen schlüpfenden Biene in einem Volk bestimmt, ist ihre Zucht und Vermehrung insbesondere für biologische oder konventionelle Imker*innen ein interessantes Themengebiet in der Imkerei. Genauso wie die Art der Behausung das Leben der Bienen maßgeblich beeinflusst, tun es auch die Gene der Königin. Sie bestimmen die Entwicklung und Widerstandsfähigkeit des Volkes, aber auch die Honigleistung, den Putztrieb oder, wie ruhig und sanft das Volk auf Eingriffe reagiert (Sanftmütigkeit).

Ein sogenannter Zuchtrahmen ermöglicht das Aufziehen von mehreren Königinnen. Noch entwickeln sich die vielen Larven in den verschlossenen Weiselzellen jeweils zur fertigen Königin.

Wie in vielen Gebieten der menschlichen Zucht von Tieren nimmt der Mensch auch bei den Honigbienen seit Jahrzehnten Einfluss auf Eigenschaften und genetische Ausstattung. Im Vergleich zu Hunden oder anderen Säugetieren ist die Beeinflussung der genetischen Eigenschaften von Honigbienen jedoch deutlich schwieriger. Denn Honigbienen können weder eingezäunt werden, noch lässt sich die Paarung gut kontrollieren. Eine Bienenkönigin paart sich nun mal in der Luft und nimmt Spermien von fünfzehn bis zwanzig Drohnen[39] auf, die mit unterschiedlichen Genen ausgestattet sind. Fliegen Zuchtköniginnen aus imkerlichen Beuten aus, so nehmen sie meist Spermien mit Geneninformationen von wildlebenden Honigbienenvölkern auf. Von Menschen gehaltene Bienenvölker vermischen und verjüngen auf diese Weise häufig ihren natürlichen Genpool.

Dennoch ist die Zucht von Königinnen möglich und meist Bestandteil der Betriebsweisen von Bio- und konventionellen Imkern. Auch naturnahe Imker*innen setzen gelegentlich auf die Vermehrung ihrer Königinnen (auch Weisel genannt), um zum Beispiel weisellosen Völkern wieder eine Königin zu geben. Für Artenschützer*innen kommt die eigenhändige Zucht oder Vermehrung von Königinnen kaum infrage, denn ihre Völker erledigen die Aufzucht neuer Königinnen von selbst.

Bei der Königinnenzucht wird zwischen der gezielten Leistungszucht und der Erzeugung vieler Königinnen unterschieden.

Die Leistungszucht entspringt dabei dem Wunsch von Imker*innen, auch dann noch widerstandsfähige Bienenvölker zu besitzen, wenn diese in intensiver Nutzung in imkerlichen Beuten gehalten werden. Geleitet von festgelegten Zuchtkriterien, dem Testen von Eigenschaften der Bienenvölker und einer genauen Dokumentation der Volksentwicklung, werden gezielt Königinnen mit bestimmten Drohnen gepaart. Dies gelingt mit einer künstlichen Besamung oder Begattung der Königin auf sogenannten Belegstellen.

Eine Belegstelle ist ein abgegrenztes Gebiet, zum Beispiel eine Insel oder ein Landstrich, in dem nur ausgewählte Bienenvölker stehen dürfen. Deine Königinnen paaren sich mit den Drohnen dieser Leistungsvölker.Dafür ist es erforderlich, ein kleines Volk mit einer noch unbegatteten Königin und ein paar hundert Arbeiterinnen zusammenzustellen. Dieses sogenannte Begattungsvolk darf keine Drohnen von deinen Bienen enthalten, das würde die gezielte Paarung mit den Drohnen auf der Belegstelle beeinträchtigen. Hast du dein Begattungsvolk zusammengestellt, dann wird es nach vorheriger Anmeldung in einer Einwabenbeute auf eine Belegstelle verbracht, auf der sich die Königin mit den exklusiven Drohnen paaren kann.

Es erfordert viel Übung, Begattungsvölker mit der richtigen Anzahl an Bienen im richtigen Alter zu erstellen. Zusätzlich musst du das Genmaterial der unbefruchteten Königinnen vor der Reise auf eine Belegstelle genau bestimmen, was zusätzliches Wissen, viel Übung und eine entsprechende Fortbildung erfordert. Für die wenigsten Neuimker*innen ist die Königinnenzucht nach Leistungs- oder Zuchtkriterien deshalb schon zu Beginn interessant.

Für deutlich mehr Interesse sorgt bei einigen Neuimker*innen dagegen die gezielte Vermehrung der Königinnen. Sie ist ein Teilbereich der Königinnenzucht und funktioniert ohne aufwendige Leistungstest. Bei der reinen Vermehrung von Königinnen müssen keine umfangreichen Zuchtkriterien eingehalten werden. Insbesondere für Freizeitimker*innen ist die Vermehrung der Königinnen häufig mit der Arbeit bei der Völkervermehrung verbunden.

Sollen zum Beispiel Bienenvölker als Kunstschwärme oder Ableger an andere Imker*innen verkauft werden, dann benötigen diese Jungvölker als Schwarm oder Ableger eine neue Königin, um wieder wachsen und gedeihen zu können.

Bei der reinen Vermehrung der Königinnen werden nach den primären Zuchtkriterien Sanftmütigkeit und Gesundheit geeignete Völker ausgewählt, um von deren Arbeiterinnenbrut Königinnen zu vermehren. Ein sanftmütiges

Verhalten zeigt ein Volk dann, wenn es sich auch bei den Eingriffen durch uns Imker*innen ruhig verhält und sich die Bienen nicht sofort mit Stichen verteidigen, wenn der Bienenstock geöffnet wird. Insbesondere beim Imkern mit imkerlichen Beuten, mit denen der Einblick in das Innenleben der Völker gewünscht ist, trägt ein sanftmütiges Volk und damit seine Königin entscheidend zur Freude an der Arbeit mit den Bienen bei. Wenn du somit Königinnen vermehren möchtest, dann wähle das richtige Volk zur Vermehrung aus. Seine Gene beeinflussen die Gene der Königinnen, die du vermehrst.

Ist ein geeignetes Volk zur Vermehrung gefunden, dann werden maximal drei Tage alte Larven der Arbeiterinnenbrut aus ihren Waben in sogenannte Weiselnäpfchen gegeben, die im Handel erhältlich sind. Diesen Prozess nennt man Umlarven, da eine Larve von einer Brutzelle in das Weiselnäpfchen umgelarvt wird. Nach dem Umlarven enthalten die Weiselnäpfchen die Larven aus dem Volk zur Vermehrung. Die Näpfchen imitieren, wie bei dem natürlichen Prozess der Schwarmvorbereitung, den Beginn einer königlichen Zelle und können in einem Zuchtrahmen in ein Pflegevolk gegeben werden. Denn werden mehrere Weiselnäpfchen mit entsprechenden Larven in ein weiteres von dir vorbereitetes Bienenvolk ohne Königin, jedoch mit tausenden Arbeiterinnen gegeben, dann beginnen diese Arbeiterinnnen sich um die Weiselnäpfchen zu kümmern.

Damit die Vermehrung der Königinnen gelingt, sollte ein Pflegevolk neben einer fehlenden Königin auch keine andere Brut enthalten, nur dann und mit tausenden Arbeiterinnen ist sichergestellt, dass sich die Arbeiterbienen im Pflegevolk ausschließlich um die königlichen Weiselnäpfchen kümmern. Achte beim Pflegevolk zudem auf eine ausreichende Futterversorgung. Bei Regenwetter musst du das Pflegevolk eventuell mit Zuckersirup füttern, damit es die Larven in den Weiselnäpfchen gut versorgen kann.

Mindestens fünf Tage kümmern sich die Arbeiterinnen des Pflegevolks um die Larven in den Weiselnäpfchen. Sie füttern die werdenden Königinnen ausschließlich mit dem speziellen Königinnenfutter Gelée Royale und bauen die Weiselnäpfchen zu richtigen Königinnenzellen um.

Sobald diese Weiselzellen von den Arbeiterinnen geschlossen (verdeckelt) wurden, musst du als Imker*in diese Weiselzellen im Pflegevolk mit einem Käfig versehen.

Ohne einen Käfig oder das rechtzeitige Umhängen der Weiselzellen würden sich die Königinnen im Pflegevolk nach dem Schlupf so lange duellieren, bis nur noch die stärkste übrig wäre. Damit wäre die Vermehrung gescheitert, denn du hättest nur eine einzige, unbegattete Königin übrig.

Der letzte Schritt bei der Vermehrung der Königinnen ist nun die Begattung der jungfräulichen Königinnen, denn ich gehe davon aus, dass du es schaffen wirst, die Weiselzellen rechtzeitig zu käfigen.

Schlüpfen die jungen Königinnen innerhalb der Käfige des Pflegevolkes, dann müssen sie jeweils einzeln in ein kleines Begattungsvolk gegeben werden. Von dort aus können sie bald nach dem Schlupf zu ihrem Hochzeitsflug aufbrechen.

Solltest du die jeweiligen geschlossenen Weiselzellen noch vor dem Schlupf aus dem Pflegevolk auf die Begattungsvölker aufteilen, dann werden sie dort ausschlüpfen und sich ebenfalls auf den Hochzeitsflug begeben. Das Käfigen ist hier dann nicht nötig, da nur eine Königin pro Begattungsvolk schlüpfen wird und sie sich daher nicht mit Konkurrentinnen messen muss.

Nach zwei bis drei Wochen kannst du die Begattungsvölker überprüfen und nachschauen, ob die Königin in Eiablage ist. In diesem Fall hat der Vermehrungsprozess der Königinnen funktioniert.

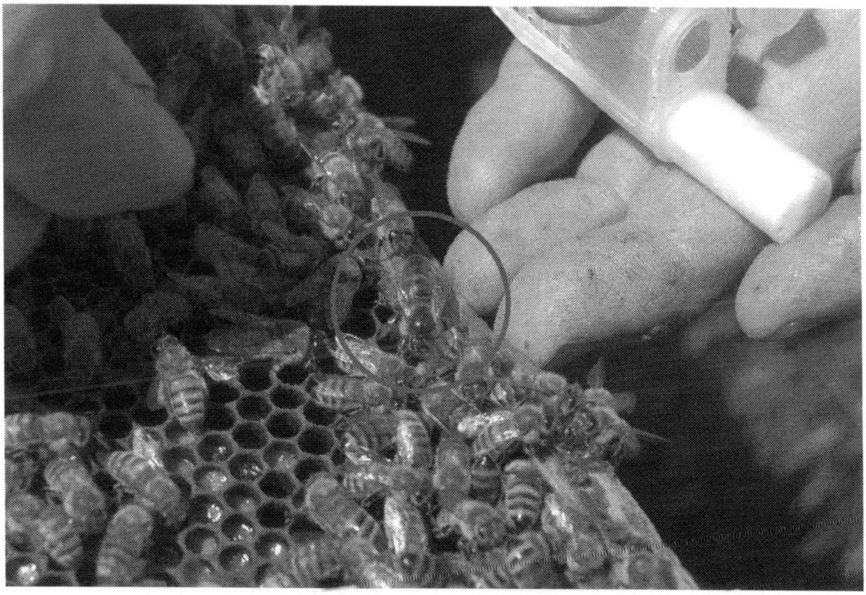

Eine Bienenkönigin (Mitte, am Rand der Wabe) ist erfolgreich begattet und kann in einem Weiselkäfig verkauft oder gleich einem anderen Volk zugesetzt werden.

Ohne das Thema Königinnenzucht an dieser Stelle weiter zu vertiefen, sei dir für deine grobe Planung noch einmal zusammengefasst, welches Material du für die Vermehrung von Königinnen zwingend benötigst. Auf das Material der Leistungszucht werde ich nicht eingehen, denn nach meiner Erfahrung ist dieses Thema für Neuimker*innen nur am Rande interessant.

Pflegevolk

Bei der Königinnenzucht beginnt alles mit einer zusätzlichen Beute für dein Pflegevolk, das mit Rähmchen ausgestattet ist. Ich gehe an dieser Stelle davon aus, dass du bereits mindestens ein Volk mit einer Königin besitzt, von der du Königinnen vermehren möchtest. Eine Beute mit Rähmchen für das Pflegevolk kostet mindestens 100 €.

Weiselnäpfchen

Es gibt verschiedene Weiselnäpfchen zu kaufen. Mit einem Holzwerkzeug könntest du auch deine eigenen Weiselnäpfchen aus Bienenwachs herstellen. Rechne mit 5 € für hundert Näpfchen. Eventuell benötigst du noch Halterungen für die Weiselnäpfchen, wenn du diese in das Pflegevolk gibst. Plane dafür auch ein paar Euro ein.

Zuchtrahmen

Ein Zuchtrahmen erleichtert es dir, die einzelnen Weiselnäpfchen mit nur einem Handgriff in das Pflegevolk zu geben. Entweder du stellst dir selbst einen Zuchtrahmen aus einem normalen Holzrähmchen her oder du kaufst ihn direkt im Imkereibedarf. Kostenpunkt 5 € bis 10 €.

Umlarflöffel

Mit diesem speziellen Löffel gelingt es dir, die maximal drei Tage alten Bienenlarven aus den Brutzellen in die künstlichen Weiselnäpfchen zu geben. Es gibt eine große Auswahl an Löffeln, die du ausprobieren kannst, oder du verwendest einen sehr feinen Pinsel, das funktioniert auch.

Käfige für die Königinnen

Da es von Natur aus in jedem Bienenvolk nur eine Königin gibt, benötigst du bei der Vermehrung von mehreren Königinnen in einem Pflegevolk eventuell Käfige für die Weiselzellen. Nur wenn du die geschlossenen Zellen vorher einzeln in ein jeweiliges Begattungsvolk gibst, kannst du auf Käfige verzichten. Unter dem Suchbegriff Schlupf- oder Verschulungskäfige wirst du sicher fündig. Plane circa 5 € für zehn Käfige ein.

Auch nach der erfolgreichen Vermehrung benötigst du Käfige für die begatteten Königinnen, wenn diese in ein neues Volk gegeben werden sollen.

In einem Käfig kann sich die neue Königin langsam an ein neues Volk gewöhnen und wird nicht sofort auf die gesamten Bienen losgelassen. Eventuell möchtest du überschüssige Königinnen auch an andere Imker*innen versenden, dafür sind ebenfalls Käfige nötig.

- **Begattungvölker**

Die kleinen Völker mit nur ein paar hundert Bienen werden benötigt, damit möglichst viele Königinnen ohne viel Aufwand ihren Hochzeitsflug antreten können. Denn du brauchst für die Begattung jeder jungfräulichen Königin nicht gleich ein ganzes Bienenvolk mit mehreren zehntausend Bienen.

Behausungen für die Begattungsvölker gibt es in verschiedenen Ausführungen. Die bekanntesten sind: Apidea Begattungskasten, Miniplus-Beute, Kieler Begattungskasten und Api'deus®. Preislich liegen die Begattungskästen bei 15 € bis 30 €.

- **Stifte und Opalitplättchen**

Bestimmt hast du schon einmal eine Bienenkönigin mit einem farbigen Punkt auf dem Körper gesehen. Auf jeden Fall ist das nicht naturgegeben, sondern dient dem einfachen Auffinden der Königin beim Imkern. Um deine begatteten und vollwertigen Königinnen zu kennzeichnen, gibt es verschiedene Werkzeuge wie zum Beispiel ein Zeichenrohr oder Stifte.

Verschiedene Farben für jedes Jahr machen kenntlich, wie alt eine Königin ist, denn jedes Jahr hat eine andere Farbe, die sich erst nach fünf Jahren wiederholt. Optional kannst du jeder Königin sogar eine Nummer geben. Hierzu benötigst du sogenannte Opalith-Zeichenplättchen und Kleber. Plane auf jeden Fall mit 10 € für die Ausrüstung zum Kennzeichnen der Königinnen.

Das war also die Übersicht der wesentlichen Ausrüstungsgegenstände für die Vermehrung der Königin und der Einblick in die Königinnenzucht. Vielleicht hast du für dich entweder abschließend festgestellt, dass der Mensch nicht in die natürliche Lebensweise der Bienen eingreifen sollte. Oder du interessiert dich gerade jetzt für diesen Themenbereich der Imkerei. Ich bin sicher, du hast dir so deine Gedanken über die Zucht der Königinnen gemacht.

Im nächsten Abschnitt geht es nun um die Grundausrüstung, die du auf jeden Fall benötigst, wenn du schon die Arbeit der Königinnenvermehrung interessant findest. Als Artenschützer*in darfst du dich dagegen im nächsten Abschnitt zurücklehnen, du benötigst die Grundausstattung nur optional.

Grundausrüstung für die Imkerei

Neben der Behausung benötigst du für die Arbeit mit den Bienen weiteres Zubehör. Folgende Grundausrüstung ist – ausgenommen für Artenschützer*innen – für alle Imker*innen zu empfehlen, da diese Materialien so gut wie bei jedem Besuch bei den Bienen eingesetzt werden. Egal, wie dein Weg der Bienenhaltung aussieht, mit dieser Ausrüstung kannst du nichts falsch machen.

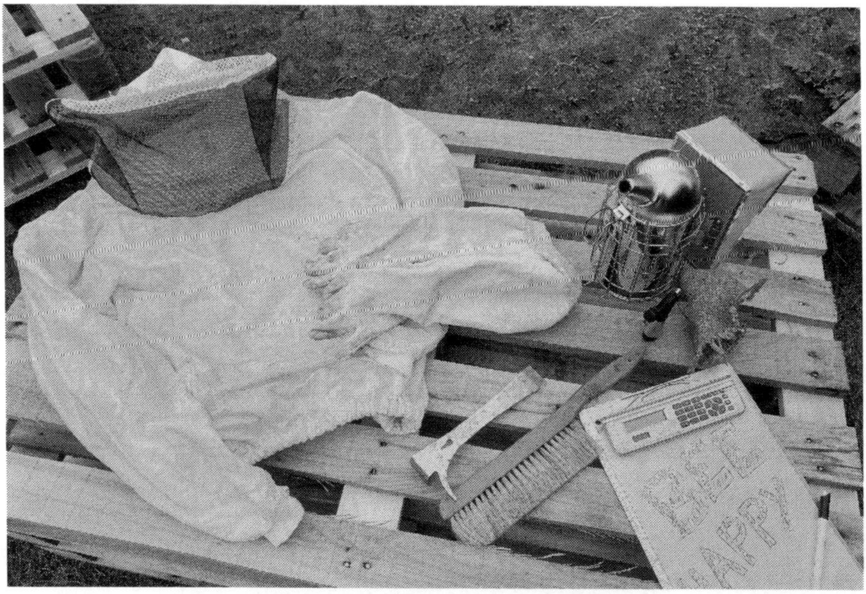

Für die Grundausstattung beim Imkern sind wenige Werkzeuge notwendig, damit die Arbeit an den Bienenvölkern gelingt.

SCHUTZKLEIDUNG

Schutzkleidung bietet nicht nur Schutz gegen Bienenstiche, sondern deine eigentliche Kleidung bleibt bei der Arbeit mit dem klebrigen Wachs und Propolis ebenfalls sauber. Zur Schutzkleidung zählen:

- **Kopfschleier mit Oberteil** oder optional Ganzkörperanzug
- **Handschuhe**

Kommt es doch einmal zu einem Bienenstich, empfiehlt sich der Einsatz von Hitze, um das aus Eiweißen bestehende Bienengift zu zerstören. Die Giftmoleküle werden dabei denaturiert, das heißt sie verlieren ihre Funktion. Bewährt hat sich ein sogenanntes Bite-Away®-Gerät.

SMOKER

Rauch signalisiert für die Bienen einen Waldbrand, was die Tiere dazu bringt, sich in den Bienenstock zurückzuziehen und Honig aufzunehmen. Das lenkt sie von dir als möglichen Angreifer ab. So kannst du zum einen ungestört an den Völkern arbeiten und vor allem sind die Bienen durch deine Arbeit nicht in ständiger Alarmbereitschaft.

Zum Smoker gehören noch:

- **ein Feuerzeug**, am besten ein Sturmfeuerzeug
- **Anzünder** oder Zeitung
- **Rauchstoff**, das können zum Beispiel Holzspäne sein

STOCKMEIßEL

Das am häufigsten genutzte Werkzeug der Imker*innen ist der Stockmeißel, denn nicht nur die Rähmchen werden von den Bienen mit Propolis und Bienenwachs verklebt. Auch Beutenteile wie zum Beispiel einzelne Zargen kleben häufig aneinander. Sie lassen sich jedoch mit dem Stockmeißel leicht voneinander lösen. Festverbauten Waben wie in der Bienenkiste können ebenfalls mit einem Stockmeißel vorsichtig zur Seite gebogen werden, um einen Einblick in die Wabengassen zu bekommen.

ABKEHRBESEN

Wenn du deine Bienenwaben ohne Bienen aus dem Volk entnehmen möchtest oder auch die festverbauten Wabengassen freilegen willst, dann brauchst du einen Abkehrbesen.

NOTIZBLOCK UND STIFT

Wie du schon weißt, sollte beim Imkern die Biene mit ihren Bedürfnissen im Zentrum stehen. Wie kannst du also das Bienenwohl kontinuierlich verbessern und aus deinen Fehlern beim Imkern lernen?

Ganz einfach: Kauf dir ein Notizbuch und einen Stift und schreibe deine Erfahrungen auf!

Wir alle haben mal mit der Bienenhaltung angefangen und es klappt nicht immer alles sofort! Keine Sorge, das geht selbst mir mit all meiner Erfahrung noch immer so.

Und wer nicht aus seinen Fehlern lernt und es versäumt, sich öfters mal zu fragen: Was hätte besser laufen können? Oder: Was lief dieses Jahr besonders gut?, der hindert sich und vor allem das bewirtschaftete Bienenvolk daran, sich optimal zu entwickeln.

Bei jeder Durchsicht der Völker solltest du also deine nummerierten Bienenbeuten durchgehen und dich fragen, ob es etwas festzuhalten gibt. Hier ein paar Anregungen für deine Notizen.

- **Wann** mache ich welche imkerliche Tätigkeiten an den Völkern?
- **Welche** Medikamente setze ich ein und wann?

- **Wie** hat sich die Volksstärke meiner Bienen seit der letzten Durchsicht verändert?

- **Gibt es** Auffälligkeiten, war ein Volk zum Beispiel besonders fleißig beim Nektarsammeln etc.?

- **Vielleicht** hältst du auch fest, wann welche Pflanzen in der Umgebung deiner Bienen blühen.

- **Wenn** du den Zeitaufwand beim Imkern dokumentieren möchtest, dann mache regelmäßig Notizen zur Dauer deiner Bienenarbeit.

Insbesondere die Anwendung von apothekenpflichtigen Medikamenten zur Bekämpfung von Bienenkrankheiten in imkerlichen Beuten muss nach § 2 der Tierhalter-Arzneimittelanwendungs- und Nachweisverordnung (THAMNV) dokumentiert werden, mehr dazu in Kapitel 6. Unabhängig von deinen gesetzlichen Pflichten helfen dir diese Aufzeichnungen aber auch, deine imkerliche Arbeit zu reflektieren und damit das Bienenwohl stetig zu verbessern. Auch um deine Arbeitsschritte zu optimieren, sind sie stets nützlich.

Solltest du bereits jetzt wissen, dass du nach deiner weiteren Ausbildung als Bienenexpert*in deine zukünftigen Völker in imkerlichen Beuten halten möchtest, dann habe ich noch einen Vorschlag für dich: Wenn du keine Lust auf das Zusammensuchen deiner Grundausstattung in Bienenläden oder im Internet hast, sondern lieber gleich eine All-In-One-Lösung nach Hause geliefert bekommen möchtest, dann kann ich dir meine BeeHappy-Grundausrüstung empfehlen. In Zusammenarbeit mit Bienen-Voigt & Warnholz, dem Imkereifachgeschäft für Qualitätsprodukte und jahrzehntelanger Erfahrung, habe ich eine 11-teilige Grundausstattung für den Hobbybereich mit den soeben beschriebenen, fünf wichtigsten Gegenständen und ihrem Zubehör zusammengestellt. Mehr Informationen dazu findest du auf meiner Website unter: **www.beehappy-imkerei.de/hobby-imker-grundausstattung/.**

Das waren also die fünf wichtigsten Gegenstände der Grundausstattung mit ihrem jeweiligen Zubehör. Wenn es dein Wunsch ist, mehr über das Material bei der Honigernte zu erfahren und welche spannenden Erntemethoden ich von meiner Auslandsreise mitgebracht habe, dann mache jetzt keine Pause beim Lesen, denn im nächsten Abschnitt kommen die Antworten.

Ausrüstung für die Honigernte

Vor der eigentlichen Honigernte überprüfst du mit einem sogenannten **Refraktometer** (70 € bis 250 €) den Wassergehalt des Honigs und kannst so feststellen, ob der süße Saft in den Waben überhaupt schon zu Honig gereift ist. Honig darf nach der Honigverordnung eine Feuchtigkeit von maximal 20 % haben, mit der Ausnahme von Heidehonig, der maximal 23 % Wasser enthalten darf[40]. Unabhängig von der Verordnung ist jedoch für eine bessere Lagerfähigkeit des Honigs eine Wasserfeuchtigkeit von nur 18 % zu empfehlen.

Wenn der Honig wirklich reif ist und am besten nur noch 18 % Wasser enthält, werden die Bienen mit einem **Bienenbesen** (siehe Abschnitt Grundausstattung) sanft von den Waben gefegt.

Beim Imkern mit Magazinbeuten kannst du auf eine sogenannte **Bienenflucht** (15 € bis 20 €) zurückgreifen, mittels derer die Bienen aus dem Honigraum geschleust werden. Ein Abfegen der Waben ist damit kaum noch nötig. Ertragreiche Imker*innen verwenden auch **Laubbläser** (circa 80 €), um die Bienen schnell von den Waben zu bekommen. Von dieser Methode würde ich dir jedoch aus Gründen des Tierwohls abraten: Beim Freilegen der Honigwaben mit einem Laubbläser werden die Bienen häufig zerquetscht, wenn sie nicht sofort vom Luftstrom aus der Beute gepustet werden können.

Wenn du einen Bienenkorb oder Einraumbeuten mit einer festverbauten Wabenstruktur verwendest, dann kommt bei der Ernte eine **Waben- bzw. Honigpresse** zum Einsatz. Die Kosten liegen je nach Größe zwischen 100 € und 500 €.

Auch wenn du mit einer Baumhöhlensimulation Honig ernten möchtest, werden die Bienen einmal im Jahr von den Waben gefegt, damit der im Honigring eingelagerte Honig mit einer Honigpresse gewonnen werden kann. Allerdings ist der Zeitpunkt wichtig: In einer Baumhöhlensimulation mit Honigring sollte die Ernte Ende Mai erfolgen. So haben die Bienen in der Baumhöhlensimulation noch den ganzen Juni Zeit, ihre Wintervorräte wiederaufzufüllen. Außerdem müssen auch im Honigring die entnommenen Waben wiederaufgebaut werden.

Beim Imkern mit Rähmchen benötigst du für die Honigernte weiteres Imkerzubehör, um an den Honig zu gelangen. Zunächst sind Geräte zum Entfernen der Wachsdeckel nötig, mit denen die Bienen volle Honigzellen versiegeln. Erst nach dem Entfernen der Wachsdeckel kann der Honig aus den Waben fließen. Zum Öffnen der Honigzellen eignen sich **Entdeckelungsgabeln**, **Messer** oder ein **Heißluftfön**. Je nachdem welches Gerät dir zusagt, liegen die Kosten bei 10 € bis 140 €. Am einfachsten kannst du die Waben mit dem sogenannten **Entdecklungsgeschirr** (circa 130 €) entdeckeln und für die Honigschleuder vorbereiten.

Auf klassische Weise werden die Honigrähmchen auf einem Entdeckelungsgeschirr mit einer Entdeckelungsgabel für die Honigschleuder vorbereitet.

Mit der **Honigschleuder** (ab 200 €) trennst du dann ganz einfach den Honig vom Wachs, mit einem **Sieb** (circa 20€) entfernst du die letzten Wachsteile aus deiner Ernte und füllst den Honig mit einem **Abfüllbehälter** (ab 20€) in **Gläser** (ab 0,3€) ab. Nun fehlt nur noch dein **Honigglasetikett** (ab 0,01€).

Wie du siehst, benötigst du für die Honigernte viele weitere Gerätschaften. Das kostet zum einen mehrere hundert Euro, zum anderen erfordert das Schleudern der Rähmchen Zeit und einen hygienischen Ernteraum. Darüber solltest du nachdenken, bevor du mit dem Imkern beginnst.

Die Honigernte geht jedoch auch anders und im direkten Vergleich einfacher. Schauen wir uns nun eine der neusten Erfindungen in der Welt der Imkerei an, die ich zum ersten Mal auf meiner Auslandsreise in Kanada kennengelernt habe: den Flow-Hive.

Flow-Hive® - Honigernte direkt aus dem Bienenstock

Bildquelle: https://www.honeyflow.com/products/flow-hive-2-plus

Die Urheberrechte dieses Bildes liegen bei BeeInventive Pty Ltd und ist hier mit deren Genehmigung abgebildet. BeeInventive Pty Ltd ist der exklusive weltweite Rechtsinhaber aller Flow-Hive® Technologie und damit verbundenen geistigen Eigentums, inklusive allen Patenten, Designs, Handelsmarken und Urheberrechten.

So einfach kann die Honigernte sein. Mit dem Flow-Hive und vor allem seinen Flow-Hive-Rähmchen, kann der Honig direkt aus dem Bienenstock geerntet werden.

Die Imkerei war und ist für mich immer noch eine spannende Reise, für die ich schon in jungen Jahren zu den Berufsimkern der Welt gereist bin. In Kanada hörte ich dabei von einer australischen Erfindung, den Flow-Hive-Rähmchen.

Zwar war ich ebenfalls für drei Monate bei australischen Imkern, dort sind mir der Flow-Hive oder seine speziellen Rähmchen jedoch nicht untergekommen, da ich dort leider keinen der Imker*innen treffen konnte, die den Flow-Hive testeten. Wir imkerten in Australien sehr abgelegen in den riesigen Eukalyptuswäldern. Was das Thema Honigernte betraf, lernte ich somit in Australien mehr über die Auswahl eines geeigneten Standortes als über die neuste und einfachste Honigernte der Welt, die gleich nebenan erfunden wurde und bereits in Australien einen riesigen Anklang gefunden hatte.

Diese revolutionäre Art Honig zu ernten, ging in Australien also an mir persönlich vorbei, begeisterte mich dafür umso mehr in Kanada. Nie werde ich vergessen, wie mir John Gates, eine kanadische Imkerberühmtheit, erzählte, wie die australischen Erfinder Cedar und Stewart Anderson unter anderem ihn zunächst gebeten hatten, eine Verschwiegenheitserklärung zu unterzeichnen, da der Flow-Hive nach zehnjähriger Forschung damals noch nicht abschließend patentiert war. Cedar und sein Vater hatten in Australien an einer kostensparenden Möglichkeit, Honig zu ernten, geforscht und spezielle Honigrähmchen entwickelt, bei denen der Honig direkt aus dem Bienenvolk geerntet werden konnte. Mittels Drehung eines Schraubstocks sollte der eingelagerte Honig freigeben werden. So sollte es möglich sein, den Honig aus dem Bienenvolk quasi direkt aufs Brot fließen zu lassen.

John Gates unterzeichnete die Verschwiegenheitserklärung erst nach langem Zögern. Er hielt es für völlig utopisch, dass jemand die bekannten Werkzeuge (siehe Abschnitt "Ausrüstung für die Honigernte") bei der Honigernte komplett ersetzt haben könnte.

Ein Hoch auf alle, die neuen Ideen kritisch und mit Bedacht, aber dennoch offen und mit Wertschätzung und Interesse gegenüberstehen, denn solche Menschen können nicht nur beim Imkern eine Menge entdecken. John unterzeichnete die Verschwiegenheitserklärung und durfte neben weiteren Testern auf der Nordhalbkugel die Flow-Hive-Rähmchen unter klimatischen Bedingungen wie in Deutschland ausprobieren. Und ich habe von ihm erfahren, was es mit den Flow-Hive-Rähmchen auf sich hat.

Flow-Hive-Rähmchen sind Kunststoff-Honigwaben im Langstrothmaß, deren einzelnen Zellen aus zwei Hälften bestehen. Die Bienen bebauen und überziehen diese zweiteiligen Zellen mit Wachs und befüllen die Waben mit Honig. Soll der Honig geerntet werden, dann werden durch die Drehung eines Schraubstocks die beiden Zellhälften gegeneinander verschoben, sie öffnen sich also. Dadurch fließt der Honig sauber aus den Rähmchen und über ein Röhrchen in ein Honigglas oder direkt aufs Brot.

Die Wachsdeckel der Zellen werden bei diesem Vorgang nicht zerstört und die Zellen selbst können nach der Ernte wieder in ihre sechseckige Form gebracht werden. Nach der Honigernte erkennen die Bienen die leeren Zellen beim Darüberlaufen am Klang, öffnen sie und reparieren die Innenwände der Zellen. Dann ist Platz für neuen Honig.

John zeigte mir damals seine Flow-Hives, in denen sich die speziellen Honigrähmchen befanden, und heute besitze ich selbst einen mit den Honigrähmchen aus Australien. Ich bin noch immer fasziniert von dieser Erfindung. Im Internet findest du viele Videos zum Flow-Hive, eine wirklich spannende Entwicklung, die jedoch nicht bei allen Anklang findet. Warum das so ist, kannst du dir inzwischen vielleicht denken.

Artenschützer*innen, die naturnahen und Bioimker*innen verwenden ausschließlich natürliche Materialien wie Holz für ihren Bienenstock. Sie lehnen das Flow-Hive-Rähmchen aus dem höchsten, lebensmittelechten Kunststoff, dem BPA-freien Kunststoff ab.

Bei der Produkteinführung in Deutschland gab es zudem auch zahlreich Kritik an der Marketingstrategie. Es störte viele Menschen, dass der Eindruck vermittelt wurde: Zur Bienenhaltung und vor allem zur Honigernte ist weder Wissen über die Honigbiene noch über die Imkerei nötig. Jeder kann sich einfach eine imkerliche Beute, nämlich den Flow-Hive, in den Garten stellen und Honig ernten, ohne Aufwand und ohne Ausbildung.

Wie du inzwischen gelernt hast, entspricht dies nicht der Realität, auch nicht beim Flow-Hive. Was bei der Produkteinführung sicherlich aus marketingtechnischen Gründen sinnvoll war, immerhin wurde diese Erfindung dadurch weltberühmt, entspricht nicht der Realität beim Imkern. Dennoch war das Interesse an einer Honigernte ohne allzu viel Gerätschaften schon damals groß und ist es auch heute immer noch.

Es erfordert jedoch mehr, als einen Schraubstock zu drehen, wenn du Honigbienen in deinem Garten einziehen lassen möchtest. Erst wenn du dir das Wissen über die Bienen und die Imkerei gründlich angeeignet hast, kannst du verantwortungsvoll mit dem Bienenvolk umgehen, um zum Beispiel Honig zu ernten. Dann jedoch sind die Flow-Hive-Rähmchen vielleicht auch für dich die beste Art, Honig zu ernten. Für mich sind sie es auf jeden Fall, aber was ist mit dir? Könntest du dir später einen Flow-Hive in deinem Garten vorstellen oder eher nicht?

Zu guter Letzt ist noch ein weiterer Pluspunkt bei der Honigernte mit dem Flow-Hive zu erwähnen, und zwar der unvergleichliche Honiggeschmack. Frischer Honig direkt aus den Waben schmeckt besonders frisch, weil er kaum mit Sauerstoff in Kontakt gekommen ist. Das ist besonders bei der herkömmlichen Erntemethode beim Imkern mit Rähmchen, dem Schleudern, nicht zu vermeiden.

Sechs Flow-Hive-Rähmchen kosten um die 350 € und passen nicht in jede Behausung, sie benötigen Beuten mit Langstroth-Maßen (siehe Abschnitt "Magazinbeuten"). Kaufst du deshalb gleich den Flow-Hive (Hive: englisch Bienenstock) inklusive den Flow-Rähmchen, entstehen Kosten ab 549 €. In Kapitel 7 erfährst du, warum es meistens ratsam ist, mit zwei Völkern zu starten, und wenn du dich dann ausschließlich für den Flow-Hive entscheidest, hast du zunächst eine höhere Investition zu tätigen, als vergleichbare Magazinbeuten. Auf lange Sicht kann sich diese Investition jedoch lohnen, da die Ausgaben für Entdecklungswerkzeuge, Honigschleuder und Siebe etc. komplett wegfallen.

Auch die Arbeitszeit bei der zweimaligen Honigernte Ende Mai und Ende Juni ist mit dem in Australien hergestellten Flow-Hive und dessen Rähmchen deutlich geringer. Sie nimmt nicht mehrere Stunden in Anspruch und braucht nicht einen extra Schleuderraum.

Noch ein kleiner Tipp zum Abschluss: Auch wenn du keine Flow-Hive-Rähmchen nutzen möchtest, weil du den Naturwabenbau oder die klassischen Holzrähmchen bei der Ernte lieber auspresst beziehungsweise schleuderst, dann hebe dir auf jeden Fall ein paar Wabenstücke zum Auskauen auf. Eine Honigwabe mit frischem Honig auszukauen ist einfach unvergleichlich. Dazu braucht man keinen Flow-Hive.

Du hast nun das vierte Kapitel erfolgreich beendet, Zeit also, das Gelernte noch einmal zusammenzufassen.

Zusammenfassung

Zuallererst solltest du dich um den Standort deiner Bienen kümmern. Der beste Standort ist eine Baumhöhle im Wald. An den Bedingungen des Waldes kannst du dich auch bei der Standortsuche deiner Bienen orientieren. Es kommt aber nicht darauf an, jede einzelne Bedingung des Waldes zu erfüllen, sondern auf das Endergebnis aller von dir erfüllten Standortkriterien.

Jede Betriebsweise bringt neben speziellen Werkzeugen auch unterschiedliche Behausungen für die Bienen mit sich. Von Baumhöhlensimulationen und Klotzbeuten über Einraumbeuten, Bienenkörben bis hin zu den Magazinbeuten ist die Auswahl umso größer, je näher die einzelnen Beutentypen betrachtet werden.

Für welche Behausung du dich entscheidest, hängt von der gewählten Betriebsweise, deinen Zielen, der dir zur Verfügung stehenden Zeit und deinen finanziellen Möglichkeiten ab.

Artenschützer*innen benötigen in der Regel kein Material zum Imkern. Soll Honig geerntet werden, dann kommt möglicherweise eine Grundausrüstung infrage. Als Behausung wählen sie entweder Baumhöhlensimulationen oder eine Klotzbeute, die sie mit etwas Anleitung auch selbst herstellen können.

Sollen beim Imkern Bienenwaben entnommen und betrachtet werden, Honig geerntet und vielleicht sogar Völker vermehrt werden, dann bieten sich imkerliche Beuten an. Einraumbeuten gibt es mit festverbauten Waben und mit Oberträgern oder Rähmchen. Letztere ermöglichen eine leichtere Kontrolle der Bienenvölker und eine für die Waben schonendere Honigernte.

Beim Imkern mit imkerlichen Beuten, die das flexible Bewegen und Entnehmen der Waben zulassen, ist es generell zu empfehlen, das zur Verfügung stehende Raumvolumen für die Bienen mit Trennschieden an die jeweilige Volksstärke anzupassen. Das sorgt auch in imkerlichen Beuten für einen besseren Wärmehaushalt und die Bienen können sich mehr um die Hygiene im Stock kümmern.

Auf die Wärme im Volk zu achten, ist auch bei den Magazinbeuten wichtig, die mit Zargen flexibel erweitert werden können. Sie ermöglichen es, große Mengen Honig zu ernten, denn Bienen füllen den gegebenen Raum immer komplett mit Honig aus (siehe Kapitel 1).

Der Raum in Magazinbeuten wird durch das Hinzufügen von Zargen und den darin enthaltenen Rähmchen flexibel erweitert. Mit mehr Raum erhöht sich die Anzahl an Bienen pro Volk und mehr Bienen können mehr Honig herstellen.

Wird ein Bienenvolk stark erweitert, sollte man sich jedoch der Auswirkungen auf die Gesundheit des Volkes bewusst sein. Mehr Raum erfordert in vielen Bereichen Mehrarbeit. Es werden mehr Bienen für die Brutaufzucht benötigt, dadurch können sich mehr Milben vermehren, und durch den ständigen Mangelzustand (leere Waben) sammeln die Bienen unaufhörlich weiter Nektar und Honigtau. Dabei werden wichtige Aufgaben wie zum Beispiel die Stockhygiene vernachlässigt. Folglich müssen sich dann die Imker*innen um die Krankheitsbekämpfung kümmern.

Die Königinnenzucht durch Imker*innen hat ein gesundes und widerstandsfähiges Bienenvolk zum Ziel, das selbst mit der intensiven Nutzung in imkerlichen Beuten zurechtkommt.

Wir unterscheiden bei der Königinnenzucht zwischen einer gezielten Leistungszucht und der reinen Erzeugung vieler Königinnen, die zur Verstärkung der eignen Völkerzahl aufgezogen werden.

Während für die wenigsten Neuimker*innen die Königinnenzucht nach Leistungs- oder Zuchtkriterien interessant sein dürfte, ist die gezielte

Vermehrung von Königinnen schon deutlich wichtiger. Sie ist häufig mit der Völkervermehrung verbunden, wenn zum Beispiel Kunstschwärme oder Ableger eine neue Königin benötigen, um wieder wachsen und gedeihen zu können.

Für die Bienenhaltung in imkerlichen Beuten ist immer eine Grundausrüstung notwendig. Auch Werkzeuge für die Honigernte sind dann sinnvoll und bei der Erstanschaffung zu empfehlen.

Honigwaben können gepresst oder geschleudert werden. Auch die Honigwaben austropfen zu lassen, ist möglich, das gelingt mit speziellen Flow-Hive-Rähmchen . Der Flow-Hive ist eine neuartige Form, Honig direkt aus dem Stock und damit ohne zusätzliche Werkzeuge ernten zu können. Die Rähmchen sind allerdings aus Kunststoff und damit nicht jedermanns Sache. Zusätzlich bedeutet die einfache Art der Honigernte nicht, dass du auf eine fundierte Ausbildung verzichten kannst.

KAPITEL 5

IMKERLICHE ARBEITEN IM JAHRESVERLAUF

Schauen wir auf die Einteilung der imkerlichen Arbeiten im Jahresverlauf, so lässt sich mit dem Wissen über das Leben der Bienen aus Kapitel 1 schnell feststellen, dass die Imkerei in eine Haupt- und eine Nebensaison unterteilt ist.

Die anfallenden Arbeiten sind dabei von deiner Betriebsweise, der Größe der Imkerei und der damit verbundenen Völkerzahl bestimmt, die meiste Arbeit fällt jedoch naturgemäß in der Hauptsaison von Mai bis Juli an. In der Nebensaison von August bis April stehen dagegen wenige, aber dennoch wichtige Arbeiten an.

Aber keine Sorge: Auch wenn du wenig Zeit hast, so bietet die Imkerei doch genügend Möglichkeiten, Bienen so zu halten, dass die Haltung auch in deine Freizeit passt.

Mit einer einzigen Baumhöhlensimulation als Artenschützer*in wirst du vielleicht fünf Stunden pro Jahr benötigen, um beispielsweise die Behausung zu streichen oder eine kleine Menge an Honig zu ernten.

Anders sieht das aus, wenn du mit drei bis fünf Völkern in imkerlichen Beuten und Rähmchen imkerst. Allein in der Hauptsaison von Mai bis Juli wirst du dann pro Woche zwischen einer halben und einer Stunde mit deinen Völkern verbringen.

Honig mit einer Schleuder zu ernten, nimmt häufig mehrere Stunden in Anspruch, gerade weil der Schleuderraum hygienischen Vorschriften entsprechen muss. Eine Erntemethode mit weniger Aufwand gelingt dagegen mit dem Flow-Hive und seinen Rähmchen (siehe Abschnitt "Flow-Hive – Honigernte direkt aus dem Bienenstock" in Kapitel 4). Möchtest du die maximal mögliche Menge an Honig ernten, egal auf welche Art, dann kommen garantiert noch Arbeiten wie das Füttern deiner Völker nach der letzten Honigernte hinzu.

Auf jeden Fall bedarf es gerade am Anfang der Imkerei mehr Zeit, denn alles ist neu, dein Koffer mit Erfahrungen und Wissen über die Bienenhaltung ist noch nicht sehr voll und immer wiederkehrende Arbeitsschritte müssen erst eingeübt und verinnerlicht werden.

Wie die konkreten Arbeiten im Bienenjahr aussehen, wenn du Bienen in imkerlichen Beuten hältst und mit den Bienen arbeitest, das schauen wir uns jetzt an. Als Artenschützer*in werden die kommenden Themen weniger zutreffend sein, denn die Bienenvölker in Baumhöhlen können kaum bewirtschaftet werden und müssen dies auch nicht. Die folgenden Arbeiten im Bienenjahr sind somit nur von Imkern mit imkerlichen Beuten zu erledigen und für Artenschützer*innen nicht notwendig, aber vielleicht dennoch sehr interessant zu wissen.

Das Jahr der Bienen beginnt

Das neue Bienenjahr beginnt im August, da zu dieser Zeit die ersten, langlebigen Winterbienen entstehen. Sie überdauern die kalte Jahreszeit und legen damit den Grundstein, für ein im nächsten Frühjahr erneut aufblühendes Volk. Während ab August das neue Jahr für die Bienen beginnt, startet die Nebensaison der Imker*innen. Gerade jetzt sind wir Imker*innen gefragt, damit unsere Völker in imkerlichen Beuten im nächsten Frühjahr wieder erblühen und wachsen können. Insbesondere Varroamilbe und Futtervorrat sollten jetzt überprüft und gegebenenfalls Maßnahmen unternommen werden, um die Milbenanzahl zu reduzieren oder den Futtervorrat zu erhöhen.

Ab August solltest du deine Bienen in imkerlichen Beuten alle zwei bis drei Wochen kontrollieren und sicherstellen,

- **dass die Völker stark genug sind**, um den Winter zu überleben,
- **die Bienen genügend Honig gesammelt haben** bzw. du den Völkern genügend Futter gegeben hast. Letzteres ist unbedingt nötig bei vorangegangenen größeren und oder sehr späten Honigernten, da die Völker sonst ab August nicht mehr genug Vorräte für den Winter anlegen können.
- **deine Bienen kaum bis sehr wenig von der Varroamilbe befallen** und insgesamt in einem gesunden Zustand sind.

Insbesondere wenn du deine Völker intensiv bewirtschaftet hast, dann sind durch das großflächige Anlegen von Brut und eventuell durch das fehlende Schwärmen der Muttervölker viele Varroamilben vorhanden. Unternimmst du bei einem starken Befall ab August nichts, können die Völker der Milbe mitunter nicht mehr Herr werden und verenden. Spätestens im nächsten

Frühjahr kann deine Bienenbeute dann plötzlich komplett leer sein, da die Bienen aufgrund der hohen Milbenanzahl erkrankt sind und ihre Behausung verlassen haben.

Dieses Phänomen wird in der Imkersprache als Kahlfliegen bezeichnet und verdeutlichet, dass selbst noch kranke und mit Viren belastete Bienen bestrebt sind, ihre Wohnung reinzuhalten. Eine kranke Biene zieht es selbst im Winter bei eisiger Kälte vor, den Bienenstock zu verlassen, um zu sterben. In der Bienenwohnung finden kranke Honigbienen nur selten ihre letzte Ruhe.

*Eine Varroamilbe sitzt auf dem Kopf der noch unentwickelten Honigbiene (Mitte). In imkerlichen Beuten sind Imker*innen gefragt, die Milbenpopulation gering zu halten, von alleine schaffen es die Bienen in diesen Behausungen nicht.*

Um den Milbenbefall deiner Völker zu kontrollieren, kannst du von natürlich gestorbenen Milben auf die noch lebenden Varroamilben in einem Bienenvolk schließen. Mit einem sogenannten Bodenschieber, der in den meisten imkerlichen Beuten verwendet wird, kann alles aufgefangen werden, was vom Bienenvolk abfällt. Auch die toten Milben gehören dazu. Nutzt du den Bodenschieber, dann gibt dir die Anzahl der gestorbenen Milben pro Tag Aufschluss darüber, ob du die Völker behandeln musst oder nicht (Gemülldiagnose).

Auch die Puderzuckermethode ermöglicht dir den Milbenbefall zu kontrollieren, um gegebenenfalls die Völker behandeln zu können. Mit dieser Methode wird von den lebenden Varroamilben, und nicht wie bei der Gemülldiagnose von den toten Milben, auf die Gesamtzahl der Milben in einem Volk geschlossen. Bei der Puderzuckermethode werden somit die lebenden Milben direkt gezählt.

Dabei werden circa hundert Bienen in einen Behälter gegeben und mit Puderzucker bestreut. Nach dem Schütteln des Behälters sind die lebenden Milben von den Bienenkörpern gefallen und können ausgezählt werden. Die gezuckerten Honigbienen werden nach dem Vorgang wieder in ihr Volk gegeben, dort werden sie von anderen Bienen geputzt und können so weiterleben.

Ist die Kontrolle der Varroamilben im August positiv ausgefallen und du hast mit dem Bodenschieber mehr als zehn Milben pro Tag und Volk gefunden, beziehungsweise mit der Puderzuckermethode pro fünfzig Gramm Bienen je Behälter mehr als zehn Milben gezählt[41], dann müssen deine Bienen sofort gegen die Milbe behandelt werden (siehe dazu mehr Kapitel 6).

Insgesamt tritt die Arbeit an den Bienenvölkern ab Spätsommer in den Hintergrund und vorbereitende Arbeiten für die nächste Saison stehen an. Hier sollte die Wabenhygiene nicht vernachlässigt werden.

Während in der Natur die Wabenhygiene durch Vögel und Wachsmotten übernommen wird (siehe Kapitel eins, Nestbau und Vermehrung), sollten Imker*innen den Austausch alter Waben in imkerlichen Behausungen selbst übernehmen und dunkle Waben möglichst alle zwei bis drei Jahre erneuern. Die Farbe entsteht durch die Bruthäutchen der Bienenlarven, die nach dem

Schlüpfen junger Bienen in den Zellen zurückbleiben und die Waben nach mehrmaligem Bebrüten dunkler erscheinen lassen.

WABENTAUSCH IN IMKERLICHEN BEUTEN?

Ist das nicht eine unnötige Mehrarbeit? Schließlich würden die Bienen in natürlichen Baumhöhlen ihre Waben doch auch nicht ständig erneuern, selbst wenn sie mehr als zwei Jahre in derselben Wohnung leben, oder?

Da hast du recht, in der Natur werden die Waben viel seltener ausgetauscht, doch die Völker werden dort auch überhaupt nicht bewirtschaftet, und zusätzlich befindet sich eine Baumhöhle meterhoch in den Bäumen, weit entfernt von Keimen und Destruenten, denen Bienenvölker in imkerlichen Beuten ausgesetzt sind.

Destruenten (Zersetzer) sorgen dafür, dass sich zum Beispiel die Blätter eines Waldes nicht bis zum Himmel stapeln. Diese natürlichen „Aufräum-Organismen" befinden sich nur in Bodennähe und nicht in der Umgebung von meterhohen Baumhöhlen. Werden imkerliche Beuten somit zur leichteren Bewirtschaftung in Bodennähe aufgestellt, müssen sich die Völker nicht nur um krankmachende Keime wie zum Beispiel Nosemasporen (Durchfallerkrankung) auf den dunklen Altwaben kümmern, sondern sich auch gegen die Destruenten zur Wehr setzen und zusätzlich mit menschlichen Eingriffen zurechtkommen. Neben der unnatürlichen, bodennahen Haltung sollten wir den Bienen in imkerlichen Beuten somit nicht auch noch den Umgang mit den dunklen Waben abverlangen.

Daher empfiehlt es sich, bei bewirtschafteten Völkern, dunkle Waben spätestens alle zwei Jahren aus dem Volk zu nehmen, um Platz für den Neubau zu schaffen. Je nach Betriebsweise kannst du nach dem Entfernen der dunklen Waben, den freien Platz durch Rähmchen mit oder ohne Bauvorlage ersetzen, oder du lässt die Bienen neue Waben fest an die Behausung bauen (zum Beispiel im Bienenkorb, in der Warré-Beute oder meist in der Bienenkiste). So können die Bienen auch bei einer Nutzung durch den Menschen in ihrer Wohnung wieder für eine gesundheitsförderlichere Inneneinrichtung sorgen.

Das Bienenwachs der dunklen Waben kannst du übrigens mit einem Dampfwachs- oder Sonnenwachsschmelzer (ab 120 €) von den Bruthäutchen trennen. Das gewonnene Bienenwachs kann zum Beispiel als Bauvorlage für die Bienen, in Form von Wachsplatten genutzt oder es können daraus Bienenwachskerzen hergestellt werden. Falls du bei Bienenwachs übrigens an die Herstellung von Kosmetika denken solltest, für die man das Bienenwachs häufig benötigt, dann verwende dafür lieber das reinere Bienenwachs, das bei der Honigernte anfällt, und nicht das Wachs aus der Wabenreinigung.

Die Wabenhygiene ist nicht die letzte Tätigkeit in der Nebensaison. Hier folgen weitere vorbereitende Arbeiten, die du je nach Betriebsweise zwischen August und April für die Vorbereitung der nächsten Saison erledigen kannst oder solltest:

- **Reinigung oder Reparatur** der Bienenbehausungen

- **Reinigung der Werkzeuge.** Es lohnt sich auch, deine Werkzeuge zum Imkern zu reinigen (Stockmeißel, Besen, ggf. Smoker oder Schutzanzug, etc.).

- **Rähmchenreinigung**. Wenn du mit Rähmchen imkerst, dann sind auch diese zu reinigen. Die Holzrahmen werden nach dem Ausschmelzen des Wachses zum Beispiel mit einem Messer abgekratzt und so für die neue Saison geputzt.

- **Bauvorlagen einlöten.** Möglicherweise möchtest du den Bienen die Arbeit erleichtern und die geputzten Rähmchen mit einer Wachsplatte als Baugrundlage versehen. Dann wirst du in der Nebensaison sicherlich auch

Wachsplatten in den Draht der Rähmchen einlöten. So fällt die Bauvorlage nicht beim Einhängen der Rähmchen in das Volk aus den Holzrahmen. Wachsplatten als Bauvorlage, die auch Mittelwände genannt werden, kannst du zu Beginn deiner Imkerei im Bienenladen erwerben. Sobald du von deinen eigenen Völker Wachs erntest, ist für dich vielleicht auch eine eigene Mittelwandgießform (ab 700 €) interessant. Mit dieser kannst du die Wachsplatten selbst herstellen. In der Regel tauscht du jedoch dein eingeschmolzenes Wachs von drei bis fünf Völkern im Bienenladen gegen einen minimalen Aufpreis in Mittelwände um. Auch wenn sich die Anschaffung einer Mittelwandgießform für Freizeitimker*innen preislich meist nicht lohnt, ist die Arbeit mit dem Gerät jedoch etwas Besonderes und macht sehr viel Freude.

- **Plane schon jetzt die nächste Saison.** Sollen weitere Völker angeschafft werden? Welche Behausung soll es werden und was fehlt dir eventuell noch an Werkzeugen? Möchtest du vielleicht eine ganz neue Richtung in der Imkerei einschlagen und deine Betriebsweise umstellen? Oder setzt du auf Altbewährtes?

- **Lies dir auch deine Notizen durch**, die du zu deinen imkerlichen Arbeiten angefertigt hast (siehe Kapitel 4, Abschnitt Grundausrüstung). Nur wer seine Arbeit kontinuierlich reflektiert, verbessert auch fortlaufend das Bienenwohl und kann Arbeitsschritte optimieren. Was lief in der letzten Saison gut, was nicht?

Die Zeit der Nebensaison geht schnell vorbei und spätestens, wenn die ersten Pollen am Haselnussstrauch oder an den Kätzchen der Weiden zu sehen sind, dann kribbelt es uns Imker*innen in den Fingerspitzen. Vorher kommt jedoch zunächst der Bienenwinter und dieser erfordert reichlich Geduld für uns bienenbegeisterte Menschen.

Der Winter

In den kalten Wintermonaten der Nebensaison rührst du die Völker am besten überhaupt nicht an, das würde die Bienen in ihrer Winterruhe stören und – wegen der daraus entstehenden, zusätzlichen Heizarbeit der Bienen – einen höheren Energieumsatz verursachen.

Nutze die Zeit im Winter lieber für vorbereitende Arbeiten, die du im Herbst noch nicht erledigen konntest. Bilde dich weiter fort, über die Bienen und wenn du mit imkerlichen Beuten imkern wirst, über die Imkerei. Besuche doch mal Weihnachtsmärkte, um dort deinen Honig oder Bienenwachskerzen zu verkaufen. Auch das Basteln mit Bienenwachs, das Kochen mit Honig oder das Herstellen von Kosmetika aus Bienenprodukten wie Wachs oder Propolis bietet sich an, wenn es draußen kalt ist.

Ich bin sicher, dass du weitere Ideen hast, um dir die Zeit ohne das vertraute Summen deiner Bienen zu vertreiben. Es findet sich auch im Winter immer etwas, was dein Herz als Imker*in höher schlagen lässt. Oder du machst eine lange Pause von den Bienen und freust dich umso mehr auf den Frühling.

Nach dem Winter wird es dir mit Sicherheit genauso ergehen wie mir, denn wenn die ersten Bienen im Frühling wieder ausfliegen, kann ich es kaum erwarten, meine Bienen erneut zu bestaunen.

Imkern, wenn der Frühling kommt

Zum Ende der Nebensaison im März und April steht für die Bienen der Reinigungsflug an, manchmal auch schon früher. In Kapitel 1 haben wir darüber gesprochen, dass die Bienen sehr hygienisch sind und über den kompletten Winter ihren Kot in der Kotblase sammeln. Diesen müssen sie im Frühling zunächst loswerden, bevor das Leben des Volkers so richtig losgehen kann.

Bevor du also gleich nach dem Winter in deine Bienenbeuten schaust, warte mit der ersten Volksdurchsicht, bis die Bienen ihren Reinigungsflug absolviert haben. Denke an die Bienen und störe sie nicht zu früh.

Bei der ersten Volksdurchsicht des Jahres in imkerlichen Beuten sollte dann jedoch Folgendes beachtet werden:

- **Wie stark ist das Volk?**
- **Sind meine Bienen gesund über den Winter gekommen?**
- **Muss ich eventuell Notfütterungen durchführen** oder den Boden der Bienenbehausung von vielen toten Bienen reinigen?

Möchtest du gern Honig ernten, dann ist mit Beginn der Kirschblüte meist im April genau der richtige Moment gekommen, um Vorbereitungen zu treffen. Dafür gibst du den Bienen mehr Raum, für den kommenden Nektar, welcher im Bienenstock zu Honig verarbeitet und eingelagert werden soll. Du erweiterst also den Raum der Bienenwohnung mit mehr Platz, den die Bienen eigentlich nicht benötigen. Weil die Bienen aufgrund ihrer Vorratssicherheit immer den ihnen zur Verfügung gestellten Raum ausfüllen, passiert dann im Frühjahr Folgendes. In diesem Fall werden die Bienen den zusätzlichen Raum

Wer den Bienen nach der letzten Honigernte zu wenig Winterfutter zurück gegeben hat, der muss im Frühling eventuell nachfüttern. Im Frühling verbrauchen die Bienenvölker am meisten Futter, denn jetzt muss großflächig Wärme für die Brut erzeugt werden, während gleichzeitig außerhalb der Beute oft noch einstellige Temperaturen vorherrschen.

mit Honig füllen. Je nach Beutenart klappt die Raumerweiterung mit dem Verschieben des Trennschieds oder durch Zugabe einer Zarge.

Auch im Frühling, noch vor dem Beginn der Hauptsaison im Mai, sollte die Bienengesundheit und allen voran die Varroamilbe in imkerlichen Beuten nicht unbeachtet bleiben. Es müssen nicht immer Medikamente sein, die den Bienen gegen die Milbe helfen. Auch biotechnische Maßnahmen wie eine Brutentnahme oder eine Brutpause entlasten die Bienen stark, da sich die Varroamilbe ausschließlich über die Brutzellen vermehrt.

Häufig wird im Vorfrühling, zur ersten Volksdurchsicht, bei Bienenbeuten mit Rähmchen ein leerer Rahmen speziell für den Bau von Drohnenbrut eingesetzt. Befinden sich neben diesem leeren (Drohnen)Rahmen nur Rähmchen mit Bauvorlagen für Arbeiterinnenzellen im Volk, dann legt der

Bien im leeren Rahmen ausschließlich Zellen für männliche Bienen an. Diese Drohnenbrut kannst du dann regelmäßig ausschneiden und damit viele Milben aus den Völkern entfernen. Es wird bevorzugt Drohnenbrut entnommen, weil die Männchen drei Tage länger brauchen als die Arbeiterinnen, um sich zu entwickeln. So haben auch die Milben mehr Zeit zur Vermehrung, weshalb sie verstärkt die Drohnenbrut aufsuchen.

Solltest du dich für eine Behausung ohne Rähmchen entscheiden und auf Bienenwohnungen mit festem Wabenbau setzen oder den Bienen keine Bauvorlagen und Drohnenrahmen vorgeben wollen, dann werden die Bienen Drohnen überall dort aufziehen, wo sie es für angebracht halten. Die gezielte Entnahme von Drohnenbrut ist dann aufwendiger, da du ja nicht mehr einfach nur einen Drohnenrahmen entnehmen kannst. Drohnenbrut zu entnehmen kann so auch unmöglich werden, wenn Drohnenbrut zwischen den Zellen angelegt wurde, die du auf den fest verbauten Waben nicht erreichen kannst.

Grundsätzlich ist es besser, wenn die Bienen Drohnen überall dort aufziehen können, wo sie wollen. Das entspricht ihrem natürlichen Verhalten in Baumhöhlen. Wenn du jedoch vorhast, die Bienen zu bewirtschaften, solltest du dir Gedanken über das einfache Ausschneiden der Drohnenbrut machen. Diese Methode reduziert die in imkerlichen Beuten oft vielfach höhere Milbenanzahl deutlich.

Insbesondere Artenschützer*innen halten das großflächige Ausschneiden von Drohnenbrut aus dem Organismus Bienenvolk meist für unzumutbar und verwerfliche.

Das kann ich komplett nachvollziehen, denn für Artenschützer*innen ist es generell nicht schön, überhaupt in das Volk einzugreifen oder lebende Bienenlarven zu entnehmen. In Baumhöhlen ist das Ausschneiden der Drohnenbrut zudem überhaupt nicht nötig, hier besteht das Jahr über ein Gleichgewicht zwischen Bienen und Varroamilbe. Um dieses Gleichgewicht herzustellen entfernen Honigbienen auch in der freien Natur befallene Brutlarven von selbst oder fressen diese sogar wieder auf.

Entscheidest du dich für eine Bewirtschaftung der Bienen, dann musst du dir Gedanken über das Ausschneiden der Drohnenbrut machen oder andere Methoden in Erwägung ziehen. Denn das Entfernen von Drohnenbrut ist nicht die einzige Möglichkeit, die Anzahl der Varroamilben schon vor oder während der Honigernte ganz ohne Medikamente zu regulieren.

Zum Beispiel sorgt ebenfalls ganz nach dem natürlichen Vorbild eine generelle Brutpause im Bienenvolk bereits für eine deutliche Reduktion der Milbenanzahl. Das Schwärmen der Bienen ist dabei der natürliche Mechanismus für eine Brutpause und Reduktion von Bienenkrankheiten.

Während in der Natur nur durch das Schwärmen für eine generelle Brutpause gesorgt wird, kannst du in imkerlichen Beuten zumindest für eine Brutreduktion sorgen. Mit dieser Methode wird die Anzahl an Varroamilben ebenfalls veringert. Bei der Brutreduktion wird die Königin mit samt einer ganzen Brutwabe in einen Käfig gegeben. Sie hat dann keinen Zugang zu den anderen Waben und wird das Eierlegen fast einstellen, bis du ihr den Zugang zu allen Brutwaben wieder ermöglichst. Wird die Königin über mindestens vierundzwanzig Tage auf nur einer Wabe eingesperrt (Bannwabenverfahren), dann ist nach dieser Zeit keinerlei Brut mehr auf den anderen Waben eines Volkes vorhanden. Durch das zeitlich begrenzte Käfigen der Königin stellt der Bien die Brutaufzucht fast ein und auch die Vermehrung der Varroamilben gerät ins Stocken. Die Varroapopulation kann nicht weiter ansteigen und ist sogar rückläufig. Die Gefahr, dass die Anzahl der Varroamilben im Verhältnis zur Anzahl der Bienen eine tödliche Schwelle übersteigt, ist somit geringer. Über die Versorgung der Königin im Käfig müssen wir uns keine Sorge machen, denn der optimale Käfig lässt die kleineren Arbeiterinnen durch die Maschen und sorgt nur dafür, dass die Königin an einen Ort verbannt wird. Durch den Käfig kann sie nun an diesem Ort nur noch sehr wenige Eier legen.

Wird die Königin nach vierundzwanzig Tagen wieder freigelassen kann optional die ehemals mit der Königin gekäftigte Wabe aus dem Volk entnommen werden, um die in dieser Brut noch sitzenden Varroamilben zu entfernen.

Es gibt viele weitere Faktoren, die sich auf die Anzahl der Varroamilben in einem Bienenvolk auswirken. Es ist nicht Ziel dieses Buches, dir alle aufzuzeigen, sondern dir bewusst zu machen, dass das Bewirtschaften von Honigbienen Verantwortung mit sich bringt und unter Umständen spezielle Behandlungsmethoden von dir abverlangen könnte. Das solltest du dir schon jetzt bewusst machen, um deinen Weg beim Imkern finden zu können.

Voller Einsatz in der Hauptsaison

Da wir uns noch immer an den Bienen und der Natur orientieren und ab Mai nun alles erblüht, die Pflanzen voller Nektar sind und es angenehm warm ist, explodiert dein Volk sprichwörtlich.

Im Mai und Juni sammeln die Bienen für den Honig zum einen Nektar von den Blüten der Pflanzen und zum anderen Honigtau von Blatt- und Schildläusen, der ebenfalls im Bienenvolk zu Honig verarbeitet wird. Die Läuse zapfen dabei die Leitungsbahnen der Pflanzen an und geben den für sie überschüssigen Zucker (Honigtau) als Tröpfchen ab, die von den Bienen zu Honig verarbeitet werden.

Ende Mai sind die Völker meist bereits so voll mit Honig, dass der Wintervorrat gesammelt ist und der Bien seinem natürlichen Bedürfnis zur Teilung und Vermehrung nachkommen möchte. Die Bienen wollen schwärmen.

Für die anstehenden Arbeiten in der Hauptsaison sind dabei zwei Dinge von Bedeutung, die du dir bei der Bewirtschaftung deiner Völker überlegen solltest:

- **Volksteilung.** Möchtest du zulassen, dass deine Bienen von sich aus schwärmen und sich teilen, oder möchtest du diese Aufgabe übernehmen?

- **Honigernte.** Möchtest du Honig ernten? Wenn ja, wie viel? Oder möchtest du den Bienen ihren Vorrat komplett überlassen?

Zugegebenermaßen hängen diese beiden Fragen zusammen, denn wer zwei oder dreimal im Jahr Honig ernten möchte, der wird es kaum zulassen, dass ein Teil des Bienenvolkes ausschwärmt und damit ein Großteil der Honigproduktion verloren geht.

Wem dagegen Honig nicht so wichtig ist und wer seine Bienen möglichst naturnah halten möchte, der wird seine Bienen in ihrem natürlichen Vermehrungsverhalten nicht behindern und schwärmen lassen, wodurch der Honigertrag sinkt.

Damit du dich zu den beiden Fragen Schwärmen und Honigernte positionieren kannst, schauen wir sie uns nun nacheinander genauer an. Beginnen wir mit dem Thema Schwärmen.

Welche Vorteile hat das natürliche Schwärmen der Bienenvölker für Imker*innen bzw. Menschen, die mit den Bienen arbeiten möchten?

- In der Hauptsaison kann auf die wöchentliche Schwarmkontrolle verzichtet werden.
- Weniger Eingriffe in das Bienenvolk vermeiden eine Störung der Bienen in ihrer Lebensweise und ihrem Verhalten.
- Es müssen keine imkerlichen Maßnahmen zur Volksteilung unternommen werden, das machen die Bienen selbst. Imker*innen überlassen den Bienen somit die Entscheidung, wann sie sich teilen wollen.
- Mit etwas Glück kann das beeindruckende Ausschwärmen der Bienen beobachtet werden. Aber Achtung, kläre deine Nachbarn über das natürliche Phänomen des Schwärmens auf. Für sie wirken tausende von Bienen, die sich plötzlich in ihrem Garten niederlassen, möglicherweise eher bedrohlich.
- Einen Bienenschwarm einzufangen, ist etwas ganz Besonderes und Aufregendes. Meist kommst du mit Menschen in Kontakt, kannst über dein Hobby berichten und andere über das Phänomen Bienenschwarm aufklären.

- Ein schwärmendes Muttervolk ist stark und hat seine Behausung mit Honig gefüllt, sodass im Volk in der Regel wenig Platz für die Brut ist. Ganz nach dem Vorbild der Natur bedeutet weniger Brut auch weniger Varroamilben und damit eine bessere Gesundheit des Volkes.

- Schwärmt ein Volk, fliegt immer die alte Königin mit aus und das Muttervolk muss auf eine neue, befruchtete Königin warten. Die so entstehende Brutpause ist eine immense Entlastung für die Völker, da sich die Varroamilben ohne Brut nicht vermehren können.

- Um zukünftigen Bienenschwärmen eine natürliche Behausung zu bieten, können weitere Baumhöhlensimulationen oder Klotzbeuten aufgestellt werden. Je nach deinen Vorlieben kannst du einen Bienenschwarm selbstverständlich auch in eine imkerliche Beute einziehen lassen.

Zu den Vorteilen des natürlichen Schwärmers der Bienen gehören natürlich auch Nachteile beziehungsweise in unserem Fall folgende Vorteile als Imker*in:

DIE VORTEILE, WENN DU DEINE VÖLKER SELBER TEILST UND DAS SCHWÄRMEN VERHINDERST.

- Gerade in imkerlichen Beuten liegt die Gesundheit deiner Bienen in deinen Händen. Teilst du dein Volk selbst, dann kannst du den Volkszustand wöchentlich einschätzen und die Entwicklung der Bienen gut verfolgen.

- Durch wöchentliche Kontrollen kannst du den Zeitpunkt der natürlichen Volksteilung feststellen und die Bienenvölker genau dann selbst teilen, wenn sie auch von selbst geschwärmt wären.

*Bei der Ablegerbildung übernehmen Imker*innen die natürliche Volksteilung der Bienen. Dazu werden einzelne Brutwaben aus einem Volk entnommen und in eine neue imkerliche Beute gesetzt.*

- Imkerliche Maßnahmen zur Volksteilung bieten die Möglichkeit, den eigenen Bienenbestand zu erhalten und ggf. zu vermehren sowie in imkerlichen Beuten für gesunde Bienen zu sorgen.

- Beim Imkern mit Rähmchen können die einzelnen Brutwaben zur Schwarmverhinderung flexibel entnommen werden. Mit Rähmchen, auf denen sich Bienenbrut befindet, können so andere, schwächere Völker nach Belieben verstärkt werden.

- Die Entnahme von Brut in einem Volk bewirkt zudem, dass auch Varroamilben entnommen werden und das Muttervolk entlastet wird.

- Es muss äußerst selten einem Bienenschwarm hinterhergelaufen werden und das Risiko, dass ein Bienenschwarm verloren geht, ist gering.

- Es kommt zu keiner Störung durch Bienenschwärme in der Öffentlichkeit. Manchmal landen Bienenschwärme zum Beispiel für kurze Zeit auf Bahnsteigen oder in Fußgängerzonen. Auch die Nachbarn könnten sich ohne deine Aufklärung von tausenden Bienen in ihrem Garten gestört fühlen. Hier hilft meist ein Glas Honig oder die Einladung, einmal gemeinsam zu den Bienen zu gehen.

- Bienenschwärme finden nur an wenigen Orten noch natürliche Baumhöhlen, um darin einzuziehen. In Mauerwänden oder ähnlichen Hohlräumen können Honigbienen nicht von den Eigenschaften der Baumhöhlen profitieren und versterben nicht selten durch die zusätzliche Belastung mit Varroamilben.

- Durch die Lenkung des Schwarmtriebs von Imker*innen verbleibt mehr Honig im Bienenvolk.

Wie auch immer du dich entscheidest: Solltest du von deinen Bienen gern mehr als ein paar Kilogramm Honig ernten wollen, dann sind auf jeden Fall häufige Eingriffe in dein Volk nötig. Grundsätzlich gilt: In imkerlichen Beuten und ohne mit deinen Völkern auf Wanderschaft zu gehen, kannst du höchstens zweimal im Jahr Honig ernten.

Anfang Juni bzw. Juli ist der Honig im Bienenvolk meist reif und kann entnommen werden. Je nach imkerlicher Beute kannst du den Honig entweder aus den Waben schleudern, auspressen oder austropfen lassen.

Neigt sich die Hauptsaison Mitte Juli dem Ende zu, dann gilt es – falls mehr Honig entnommen wurde, als die Bienen für die Überwinterung brauchen – für genügend Vorrat im Volk zu sorgen und gleichzeitig genügend Platz für die Aufzucht der Winterbienen zu lassen. Das Bienenfutter darf somit nicht komplett auf einmal gegeben werden, sondern nach und nach in kleinen Mengen. Würdest du dem Volk bereits im Juli sein ganzes Winterfutter geben, würden die Arbeiterinnen jede freie Zelle mit Futter füllen. Es bliebe kaum

Eigenen Honig zu ernten ist immer etwas ganz besonderes und einzigartiges. Die meiste Arbeit haben jedoch die Bienen geleistet, ihnen gilt der Dank für eine reichliche Ernte.

noch Platz für die Winterbienen, die jedoch zwingend notwendig sind, damit das Volk den Winter überleben kann.

Mit dem Ende der Hauptsaison am letzten Tag im Juli, beginnt das Bienenjahr im August von vorn. Obwohl sich viele Arbeiten im Laufe der Jahre wiederholen, bleibt die Arbeit mit den Bienen doch immer abhängig von der Natur, deren Launen wir nicht immer verstehen können. Jedes Jahr bietet daher Überraschungen und bringt neue Entdeckungen, denen du mit Freude und etwas Entdeckerlaune entgegenblicken kannst.

Und damit du bei rechtlichen Fragen nicht mit bösen Überraschungen rechnen musst, dreht sich im nächsten Kapitel gleich alles um die rechtlichen Pflichten beim Imkern.

KAPITEL 6
RECHTLICHE PFLICHTEN

Wie bereits in Kapitel 2 ausgeführt, macht es bei rechtlichen Fragen in der Imkerei einen Unterschied, welche Behausung du für deine Bienen wählst und wie du mit deinen zukünftigen Bienen umgehen willst. Mit der Wahl einer Behausung für Honigbienen gestaltest du nicht nur die Art und Weise deiner Imkerei, sondern du bestimmt auch, ob du gesetzlichen Regelungen für die Bienenhaltung unterliegst oder nicht.

In den Begriffsbestimmungen der 1969 erlassenen Bienenseuchenverordnung heißt es, dass *„die in einer Bienenwohnung lebenden Bienen mit ihrer Brut und ihren Waben"*[42] *Bienenvölker sind.*

Ferner heißt es in § 1a der Allgemeinen Vorschriften weiter: *„Wer Bienen halten will, hat dies spätestens bei Beginn der Tätigkeit [...] anzuzeigen*[43].

Der Gesetzgeber versteht also unter Bienenwohnungen imkerliche Beuten und nimmt damit all jene in die Pflicht, die beabsichtigen, Bienen zu halten bzw. sie in Besitz zu nehmen und zu bewirtschaften. Folgerichtig ist es auch *„[d]er Besitzer von Bienenvölkern und Bienenständen"* [44], welcher durch die Bienenseuchenverordnung in die Pflicht genommen wird.

WIE SIEHT ALSO DIE GESETZESLAGE BEIM ARTENSCHUTZ MIT HONIGBIENEN AUS?

Die in Kapitel 1 erwähnten Baumhöhlensimulationen sind Wildtierbehausungen und somit der Bienenseuchenverordnung nach nicht eindeutig als Bienenwohnungen oder spezielle imkerliche Beuten zu definieren. Was mit einer Bienenwohnung genau gemeint ist, bleibt in der Verordnung offen. Baut ein Bienenschwarm zum Beispiel seine Waben in eine Mauerwand oder einen ungenutzten Schornstein, kann man dann von einer Bienenwohnung sprechen? Schornstein und Mauerwerk sind ja Bestandteile eines Hauses für Menschen.

Baumhöhlensimulationen können auch Vögel, Wespen oder Hornissen ein Heim bieten, ja sogar Fledermäuse könnten einziehen oder eben wildlebende Honigbienenvölker. Von einer klassischen Bienenwohnung kann somit nicht die Rede sein. Auch beabsichtigen Artenschützer kaum , die Insekten in Besitz zu nehmen, wenn ein Schwarm von sich aus und ohne imkerliche Maßnahmen in die Baumhöhlensimulation einzieht.

Vergleichbar mit einem Vogelnistkasten gibt es auch bei den Baumhöhlensimulationen kein Gesetz, das das Aufstellen oder Aufhängen von Wildtierbehausungen untersagt. Ein brütender Vogel in einem Nistkasten wird zudem nicht von dem Menschen in Besitz genommen, der den Nistkasten aufgehängt hat. Gleiches gilt für das Aufhängen von Baumhöhlensimulationen für die wildlebende Honigbienen.

Solange du also nur Baumhöhlensimulationen aufstellst, musst du streng genommen weder deine Völkern nach der Bienenseuchenverordnung bei der zuständigen Behörde (Veterinäramt) melden, noch dich nach den weiteren Vorgaben der Verordnung richten. Die Gesetzeslage ist dabei wie erwähnt nicht eindeutig und es gibt aktuell keine bekannten Präzedenzfälle, in denen auch das Aufhängen von Baumhöhlensimulationen als Bienenhaltung im Sinne der Bienenseuchenverordnung gesehen wird.

Die Schlussfolgerung an keine gesetzlichen Regelungen gebunden zu sein, wenn du für den reinen Artenschutz eine Baumhöhlensimulation aufhängst, erscheint zudem plausibel, da Honigbienen nachweislich in Baumhöhlen ohne uns Menschen überleben können und das trotz der Varroamilben[45].

Ein stark eingekotetes und erkranktes Bienenvolk in einer imkerlichen Beute. Auftretende Bienenkrankheiten in von Menschen bewirtschafteten Beuten sind eine Gefahr für alle Honigbienen. Rechtliche Regelungen sollen deshalb eine Ausbreitung der Krankheiten vorbeugen und verhindern.

Zusätzlich ist beim Thema Krankheitsausbreitung *„eine Gefährdung der Wirtschafsvölker [von Imkern – Anm. d. Verf.] durch wildlebende Kolonien mehr als unwahrscheinlich"*[46], wie Untersuchungen zeigen.

Um mit den Bienenvölkern zu arbeiten beziehungsweise das Volk von allen Seiten zu erleben, sind jedoch andere Behausungen als Baumhöhlensimulationen notwendig. In diesen Behausungen werden die Völker zur Bewirtschaftung von dir rechtlich gesehen in Besitz genommen.

Diese Bienenwohnungen oder imkerlichen Beuten sind allerdings an die Bedürfnisse des Menschen angepasst und weniger an die der Bienen. Somit musst du als Imker*in die Gesundheitsvorsorge und Krankheitsbekämpfung übernehmen. Das erfordert ein hohes Maß an Verantwortung, der manche

Menschen leider erst nachkommen, wenn sie von Gesetzen dazu gezwungen werden.

Somit sehe ich es für das Wohle der Honigbienen in imkerlichen Beuten als unbedingt notwendig an, dass wir bei der Bekämpfung von Bienenkrankheiten auf die gesetzlichen Regelungen zurückgreifen.

Auch bei der Honigernte und der Erzeugung von Lebensmitteln sind gesetzliche Regelungen sinnvoll, um zum Beispiel eine gute Honigqualität zu gewährleisten.

Schauen wir uns deshalb nun an, auf welche gesetzlichen Pflichten du zu achten hast.

HONIGERNTE

Für alle Imker*innen, die Honig nicht nur für sich selbst ernten, sondern gewerbsmäßig vermarkten oder auch nur in den Verkehr bringen wollen (also beispielsweise verschenken), gelten die gesetzliche Regelungen der Lebensmittelinformationsverordnung (EU 1169/2011) und der Fertigpackungsverordnung sowie die Leitsätze für Honig des Deutschen Lebensmittelbuches und der Honigverordnung.

In diesen Gesetzen wird festgelegt, was als Honig bezeichnet und in Verkehr gebracht werden darf (verschenken, verkaufen) und wie Honig zu kennzeichnen ist bzw. welche Angaben auf einem Honigetikett angebracht werden müssen. Es ist beispielsweise nicht gestattet, Lebensmittel mit gesundheitsbezogener Werbung in den Verkehr zu bringen. Die Aufschrift „Honig wirkt gegen Erkältungen" ist damit nicht zulässig.

Auch die Sortenbezeichnung ist klar vorgegeben. Alles, was Pflanzen den Bienen zur Herstellung von Honig geben, wird Tracht genannt. Je nach Tracht bekommt der Honig seine Sortenbezeichnung.

Ein Honig darf demnach zum Beispiel nicht als Wiesenhonig bezeichnet werden, nur weil die Bienenvölker auf einer Wiese stehen. Die Tracht dieses Honigs ist nicht die Wiese, sondern setzt sich aus verschiedenen Quellen wie Löwenzahn, Klee und vielleicht ein paar im Mai blühenden Obstbäumen zusammen. Wie du siehst besteht die Tracht auf einer Wiese meist nicht nur aus einer Tracht (zum Beispiel Klee), daher wird dieser Honig auf dem Etikett als Frühtracht und nicht als Wiesen- oder Kleehonig betitelt.

Wenn du jedoch ausschließlich Sortenhonig wie Kleehonig ernten möchtest, dann ist im deutschen Lebensmittelbuch mit seinen Leitsätzen für Honig je nach Sorte angegeben, wie viel Prozent Pollen ein Sortenhonig enthalten muss. Erst wenn dein Honig diese Vorgaben erfüllt, darf er als Sortenhonig betitelt werden. Bei Kleehonig müssen zum Beispiel mindestens 70 % Kleepollen enthalten sein[47].

Weitere wichtige Angaben auf dem Etikett deines Honigglases, neben der Inhalts- und gegebenenfalls der Sortenbezeichnung, sind:

- **die Füllmenge** (zum Beispiel 500 g)
- **eine Angabe zur Rückverfolgbarkeit** jeder Honigernte. Am besten verwendest du ein taggenaues Mindesthaltbarkeitsdatum, das dir auch die Angabe einer zusätzlichen Los-Kennzeichnung erspart, die es ebenfalls ermöglicht, jedes Honigglas einer Ernte oder Abfüllung zuzuordnen. Damit die Rückverfolgung funktioniert, solltest du bei jeder Honigernte dokumentieren, von welchen Völkern du wann und wo Honig geerntet hast beziehungsweise wie viele Gläser du von dieser Ernte abgefüllt hast. Leg dir dafür am besten ein Dokument an und beschrifte jeden Honigeimer.
- **den Namen und die Anschrift** des Herstellers bzw. des Imkers
- **das Ursprungsland** des Honigs

In den genannten Verordnungen kannst du weitere Feinheiten für die Angaben auf deinen Honiggläsern finden.

Hygienisch einwandfreies Arbeiten mit den Bienen und bei der Honigernte im Schleuderraum bzw. bei der Verarbeitung des Honigs sollte selbstverständlich sein. Niemand möchte Haare, Staub oder Glassplitter in seinem Honigglas finden.

Wer Lebensmittel in den Verkehr bringt, also in unserem Fall Honig verschenkt oder verkauft, unterliegt der Produkthaftung und kann für Schäden, die beim Verbraucher entstehen, haftbar gemacht werden. Im Produkthaftungsgesetz (ProdHaftG) steht dazu folgendes:

§ 1.1

"*Wird durch den Fehler eines Produkts jemand getötet, sein Körper oder seine Gesundheit verletzt oder eine Sache beschädigt, so ist der Hersteller des Produkts verpflichtet, dem Geschädigten den daraus entstehenden Schaden zu ersetzen.*"[48]

Um sich als Imker*in für den Fall der Fälle und nicht nur bei der Produkthaftung abzusichern, sondern zum Beispiel auch gegen den Diebstahl von Bienenvölkern, empfiehlt es sich, eine Imkerversicherung abzuschließen. Eine Imkerversicherung ist im Mitgliedsbeitrag eines Imkervereins enthalten, der sich auf etwa 100 € pro Jahr beläuft. Über den Mitgliedsbeitrag in einem Verein an die Imkerversicherung zu gelangen, ist recht günstig. Das ist nur möglich, weil sich die vielen Imkervereine in ihren jeweiligen Landesverbänden bzw. im Deutschen Imkerbund zusammengeschlossen haben.

Auch wenn du nicht zu den Menschen gehörst, die sich gern in Vereinen treffen, ist eine Mitgliedschaft aus versicherungstechnischen Gründen trotzdem sinnvoll. Und seien wir mal ehrlich, es wurde noch niemand gezwungen, zu Vereinssitzungen zu erscheinen.

AMERIKANISCHE FAULBRUT

*Kommt es zu einem Ausbruch der Amerikanischen Faulbrut (AFB) bei Bienenvölkern in imkerlichen Beuten, dann bleibt von der Brut nur noch eine schleimige Masse zurück. Die hochansteckenden Sporen dieser Krankheit verbreiten sich ohne den Eingriff geschulter Imker*innen rasant aus und infizieren auch andere Bienenvölker von Imkern in der Umgebung.*

Kommen wir jetzt zu den verschiedenen gesetzlichen Verpflichtungen der Bienengesundheit, die bei der Bienenhaltung in imkerlichen Beuten gelten. Die Bienengesundheit in diesen Bienenwohnungen geht alle etwas an, und wir müssen zusammenarbeiten, um sie zu fördern und um die Bienen in den eher unnatürlichen Behausungen zu unterstützen. Das Missachten der gesetzlichen Regelungen ist schon den Bienen gegenüber nicht vertretbar.

Speziell die Amerikanische Faulbrut (AFB) ist bei der Bienengesunheit in imkerlichen Beuten eine Herausforderung. Bei der AFB sorgt ein sporenbildendes Bakterium namens *Paenibacillus larvae* dafür, dass die

Bienenbrut verkümmert und von den schneeweißen, gesunden Bienenlarven nach dem Befall nur noch eine braune fadenziehende Maße übrigbleibt.

Die Krankheit breitet sich in imkerlichen Beuten seuchenartig und durch Bienenflug auch über mehrere Kilometer in den umliegenden Völkern aus. Sie ist hochansteckend.

In Baumhöhlen kommt diese Krankheit fast nie zum Ausbruch, wie man in internationalen Untersuchungen herausgefunden hat[49]. Weil die meisten Bienenvölker inzwischen jedoch bewirtschaftet und in imkerlichen Beuten gehalten werden, ist immer wieder von Ausbrüchen der AFB zu hören.

Umso wichtiger und nachvollziehbarer ist deshalb die wohl wichtigste Aufgabe von Neuimker*innen, die Bienen in imkerlichen Beuten halten möchten: Melde deine Völker bei der zuständigen Behörde an, dazu bist du sogar nach § 1a der Bienenseuchenverordnung (BienSeuchV) verpflichtet:

§ 1a

„Wer Bienen [In einer Bienenwohnung lebende[n] Bienen mit ihrer Brut und ihren Waben. - def. Bienenvolk in der Verordnung] halten will, hat dies spätestens bei Beginn der Tätigkeit der zuständigen Behörde unter Angabe der Anzahl der Bienenvölker und ihres Standortes anzuzeigen."[50].

Nur wenn du deine in imkerlichen Beuten lebende Völker ordnungsgemäß angemeldet hast, wirst du rechtzeitig informiert, wenn in deiner Umgebung die Amerikanische Faulbrut auftritt. Du solltest dich zudem noch vor dem Kauf deiner ersten Bienen informieren, ob in deiner Region aktuell der Ausbruch der Amerikanischer Faulbrut amtlich festgestellt wurde und ein Sperrbezirk eingerichtet ist. Sollte das der Fall sein, dann ist es dir nicht möglich, Bienen sowohl außerhalb, als auch innerhalb des Sperrbezirks zu kaufen und auf dein Grundstück zu stellen. So soll verhindert werden, dass sich noch mehr Bienenvölker anstecken.

In der BienSeuchV heißt es dazu:

§ 8.1

„Ist der Ausbruch der Amerikanischen Faulbrut amtlich festgestellt, unterliegt der Bienenstand nach Maßgabe folgender Vorschriften der Sperre: [...]

§ 8.2

Bienenvölker, lebende Bienen, Waben, Wabenteile, Wabenabfälle, Wachs, Honig, Futtervorräte, Bienenwohnungen und benutzte Gerätschaften, die sich in dem Bienenstand oder außerhalb des Bienenstandes auf dem Grundstück befinden, dürfen von ihrem Standort nicht entfernt werden [...]

§ 10.1

Ist die Amerikanische Faulbrut in einem Bienenstand amtlich festgestellt, erklärt die zuständige Behörde das Gebiet in einem Umkreis von mindestens einem Kilometer um den Bienenstand zum Sperrbezirk. [...]

§ 11.1.4

Bienenvölker oder Bienen dürfen nicht in den Sperrbezirk verbracht werden."[51]

Für den Fall, dass du dich aktuell in einem Sperrbezirk befinden solltest, aber mit dem Bienenkauf nicht warten möchtest, kannst du dich bei der zuständigen Behörde (Veterinäramt) nach einer Ausnahmegenehmigung im Sinne des § 11 Abs. 3 erkundigen.

§ 11.3

„Die zuständige Behörde kann für Bienenvölker, Bienen, Bienenwohnungen und Gerätschaften sowie Futtervorräte Ausnahmen [...] zulassen, wenn eine Verschleppung der Seuche nicht zu befürchten ist."[52]

Und schließlich gibt es noch eine weitere wichtige Regel, die verhindern soll, dass sich Sporen der Amerikanischen Faulbrut durch verlassene Bienenstöcke ausbreiten. In der Bienenseuchenverordnung heißt es dazu:

§ 6

„Von Bienen nicht mehr besetzte Bienenwohnungen sind vom Besitzer der Bienen stets bienendicht verschlossen zu halten."[53]

Das gewährleistet, dass in imkerlichen Beuten lebende Bienenvölker nicht mit potenziell verseuchten Wabenteilen in Kontakt kommen und ihre Völker mit der Faulbrut anstecken.

Wie du siehst, musst du die Amerikanische Faulbrut immer im Hinterkopf haben, das gilt auch, wenn du schon länger Bienen hast. Denn sollten sich jemals bei deinen Völkern Symptome zeigen, dann bis du auch für die Imker*innen in deiner Umgebung verantwortlich.

Imker*innen sollten im Falle von Krankheitsanzeichen sofort handeln und nicht riskieren, dass die Seuche Völker anderer Imker*innen erreicht. Allein der Verdacht, dass die Amerikanischen Faulbrut (AFB) in deinem Volk zu finden ist, verpflichtet dich zur Anzeige beim zuständigen Veterinäramt. Den passenden Rechtstext für die Anzeigepflicht der Amerikanischen Faulbrut finden wir zum einen in der (Rechts)-Verordnung über Tierseuchen § 1 Absatz 2a des Bundesgesetzblatts[54]. Dort ist die Amerikanische Faulbrut als anzeigepflichtig betitelt. Und zum anderen wird die Anzeigenpflicht im Tiergesundheitsgesetz (TierGesG) noch einmal konkretisiert. Darin heißt es:

§ 4.1

„Bricht eine auf Grund einer Rechtsverordnung [..] anzeigepflichtige Tierseuche aus [Was für die AFB durch das erwähnte Bundesgesetzblatt der Fall ist – Anm. d. Verf.] oder zeigen sich Erscheinungen, die den Ausbruch einer solchen Tierseuche befürchten lassen, so hat der Halter der betroffenen Tiere dies

unverzüglich der nach Landesrecht zuständigen Behörde (zuständige Behörde) unter Angabe seines Namens und seiner Anschrift sowie

1. *des Standortes und der Haltungsform der betroffenen Tiere und*

2. *der sonstigen für die jeweilige Tierseuche empfänglichen gehaltenen Tiere unter Angabe der jeweiligen Tierzahl anzuzeigen."*[55]

Eine weitere Schutzmaßnahme zur Eindämmung der Amerikanischen Faulbrut (AFB) stellt die Vorschrift dar, dass Imker*innen für Bienenvölker ein Gesundheitszeugnis vorweisen müssen, wenn sie die Völker einkaufen oder an einen anderen Ort transportieren möchten (Wandern mit Völkern). Um ein solches Gesundheitszeugnis zu bekommen, dürfen in einer amtlichen, sogenannten Futterkranzprobe keine Faulbrutsporen nachgewiesen werden. Die Untersuchung wird im Labor durchgeführt. Fällt sie negativ aus, stellt das Veterinäramt auf Anfrage für die Wanderung oder den Verkauf deiner Bienen ein Gesundheitszeugnis aus.

Der passende Rechtstext zum Wandern oder Einkaufen von Bienenvölkern, die ja nach dem Verkauf ebenfalls auf Wanderschaft gehen, findet sich in der BienSeuchV:

§ 5.1

„Der Besitzer oder die mit der Beaufsichtigung, Wartung und Pflege der Bienenvölker betrauten Personen haben für Bienenvölker, die an einen anderen Ort verbracht werden, unverzüglich [..] eine Bescheinigung des für den Herkunftsort zuständigen beamteten Tierarztes vorzulegen.

Aus der Bescheinigung muss hervorgehen, dass die Bienen als frei von Amerikanischer Faulbrut befunden worden sind und der Herkunftsort der Bienen nicht in einem Faulbrut-Sperrbezirk liegt.

Die Bescheinigung darf nicht vor dem 1. September des vorhergehenden Kalenderjahres ausgestellt und nicht älter als neun Monate sein."[56]

Um ein Gesundheitszeugnis von der Veterinärbehörde zu erhalten muss eine Probe vom Futterkranz der Bienenwaben amtlich entnommen werden.

VARROAMILBE

Inzwischen ist die Varroamilbe omnipräsent und so gut wie jedes Bienenvolk ist zumindest mit ein paar Milben befallen. Da du in imkerlichen Beuten für das Tierwohl deiner Bienen verantwortlich bist, verpflichtet dich die Bienenseuchenverordnung (BienSeuchV) zur Bekämpfung der Milben.

Mit einem Varroabehandlungskonzept über das ganze Bienenjahr kannst du die häufig sehr hohe Milbenanzahl in imkerlichen Beuten auf ein Minimum reduzieren. Auch Bienenkrankheiten, die auf Varroamilben zurückzuführen sind, werden damit insgesamt vorgebeugt.

Im Herbst, wenn der Honig geerntet ist, kannst du die Varroamilben mit natürlichen Säuren wie Ameisensäure oder mit Wärme (Hypertermie, Bienensauna) bekämpfen.

Eine weitere, bereits vorgestellte Möglichkeit ist die Entnahme der kompletten Bienenbrut, damit die Milben aus dem Volk kommen. Eine Brutpause ermöglicht es dem Bienenvolk, sich von der Milbe zu erholen und das Entfernen der Drohnenbrut reduziert die Milbenanzahl im Bienenvolk besonders stark und das ganz ohne Medikamente.

Nicht immer gelingt die Milbenbehandlung ohne Medikamente, und wenn diese eingesetzt werden, besteht in einigen Fällen eine Dokumentationspflicht. In Kapitel 4 erwähnte ich dies bereits. Nach § 2 der Tierhalter-Arzneimittelanwendungs- und Nachweisverordnung (THAMNV) müssen alle Arzneimittel dokumentiert werden, die apotheken- und verschreibungspflichtig sind und die bei den Bienenvölkern zur Anwendung kommen.

Setzt du bei der Milbenbehandlung auf natürlich vorkommende Säuren wie Ameisen-, Milch- oder Oxalsäure, die nicht apothekenpflichtig sind, dann besteht zwar keine Dokumentationspflicht nach der THAMNV, dennoch solltest du den Einsatz der Medikamente bzw. Maßnahmen gegen die Varroamilbe dokumentieren, um der Bienenseuchenordnung gerecht zu werden.

Weil die Varroamilbe in jedem Bienenvolk vorkommt, ergibt sich aus § 15.1 BienSeuchV auch eine Behandlungspflicht der Milben für alle Bienenvölker, die in imkerlichen Beuten gehalten werden. Wie die Behandlung jedoch auszusehen hat, wird nicht beschrieben.

In § 15.1 heißt es lediglich:

„Ist ein Bienenstand mit Varroamilben befallen, so hat der Besitzer alle Bienenvölker des Bienenstandes jährlich gegen Varroose zu behandeln.“[57]

Mit einer Dokumentation deiner Arbeit und der verwendeten Medikamente bzw. der angewendeten biotechnischen Maßnahmen (Brutentnahme, Drohnenbrutschneiden, Brutpause, Hyperthermie, etc.) kannst du nachweisen, dass du dem § 15 der BienSeuchV nachgekommen bist.

Abschließend sei noch gesagt, dass ich kein Fan davon bin, alles per Gesetz bis ins kleinste Detail zu regeln. Dennoch sind manche Gesetze sinnvoll, wenn sie, wie hier erwähnt, dem Tierwohl dienen. Und Gesetze hin oder her, zu guter Letzt hilft uns das Dokumentieren der Tätigkeiten, die wir an den Bienenvölkern vornehmen. Wir können dadurch unsere Arbeit kontinuierlich reflektieren, Arbeitsschritte fortlaufend optimieren und damit das Bienenwohl stetig verbessern. Wer kann dazu schon nein sagen?!

KAPITEL 7
HÄUFIG GESTELLTE FRAGEN

WANN SOLLTE ICH MIT DER IMKEREI ANFANGEN?

Es lohnt sich immer dann, mit der Imkerei anzufangen, wenn dein Interesse geweckt ist. Die Welt der Imkerei ist sehr groß und du kannst nicht früh genug anfangen, dich in die Thematik einzuarbeiten, ein Buch zu lesen, Videos zu schauen oder einen Kurs zu belegen.

Starte beim Lernen am besten mit der natürlichen Lebensweise der Honigbiene, zum Beispiel mit meiner Online-Ausbildung BeeExpert, und blicke erst dann darauf, wie du die Tiere nutzen möchtest.

Der eigentliche Start in die Imkerei wird von den meisten mit dem Kauf ihrer ersten Bienenvölker verbunden. Bevor du diesen Start jedoch wagst, solltest du auf jeden Fall

- mit den Grundbedürfnissen eines natürlich lebenden Honigbienenvolkes und den Gegebenheiten seiner Umwelt vertraut sein,
- dich entschieden haben, ob beziehungsweise wie stark du die Honigbiene nutzen möchtest,
- Voraussetzungen geschaffen haben, um den Bienen deine Zeit, einen Platz und das nötige Material schenken zu können und
- dich auf die Ankunft deiner Bienen vorbereiten, damit du weißt, was auf dich zukommt, wenn die Bienen einmal da sind.

Es empfiehlt sich zudem sehr, noch vor dem Bienenkauf und für die erste Zeit mit den Bienen eine erfahrene Imkerin oder einen erfahrenen Imker als Begleitung zu haben, um Fragen direkt klären zu können.

KANN ICH MIR DIE IMKEREI LEISTEN?

Die Kosten für deine Imkerei hängen sehr stark von der Völkerzahl und der jeweiligen Betriebsweise ab (siehe Kapitel 3).

Für Artenschützer*innen sind neben Aufwendungen für das Studium der Bienen, die Kosten der Baumhöhle und ggf. einem Kurs zum Selbstbau einer Baumhöhle, keine weiteren Ausgaben zu erwarten. Zu den Lehrkosten für eine gute Ausbildung von 300 € und mehr kommen noch 750 € bis 800 € für die Behausung hinzu. Eventuell möchtest du nicht darauf warten, dass ein Bienenschwarm von selbst in die Höhle einzieht, dann kommt noch der Preis für die Bienen hinzu. Rechne dabei mit circa 80 € bis 120 €.

Als Artenschützer*in mit einer Baumhöhle oder Klotzbeute inklusive Ausbildung über die natürlichen Bedürfnisse der Honigbienen solltest du mit einer Anfangsinvestition von knapp 1000 € rechnen.

Damit du dir eine Vorstellung davon machen kannst, mit welchen Kosten zu rechnen ist, wenn du mit den Bienen in imkerlichen Beuten arbeiten möchtest, gehen wir die Ausgaben einmal durch:

- Denke als erstes bitte an die Aufwendungen für deine Ausbildung. Eine gute Ausbildung ist mehr wert als das ganze Material und die Bienen zusammen. Plane für Bücher und Kurse in den ersten Jahren mindestens 300 € pro Jahr ein, wenn du die Bienen studierst und mehr über imkerliche Methoden lernen möchtest. Als kompletter Neueinsteiger kannst du zu Beginn auch deutlich mehr einplanen. Es lohnt sich nicht nur für alle weiteren Anschaffungen, sondern auch für deine weitere Laufbahn als Imker*in.

- Bienenbehausungen gibt es ab 150 €.
- Bienenvölker aus vertrauenswürdigen Quellen mit Gesundheitszeugnis gibt es ab 80 €.
- Für die Grundausrüstung der Imkerei (Schutzanzug, Smoker, Stockmeißel, Besen, Notizblock) fallen Kosten um die 150 € an.
- Möchtest du Honig ernten, kommen je nach Art und Weise der Erntemethode noch einmal mindestens 100 € hinzu.
- Laufende Kosten fallen in den meisten Fällen für Medikamente (Varroamilbe) sowie für Futterkosten und Ausgaben für die Instandhaltung der Materialien an. Hierfür würde ich pro Jahr und Volk mindestens 20 € einkalkulieren.
- Die Mitgliedschaft im Imkerverein bzw. die darin enthaltene Imkerversicherung kostet pro Jahr circa 100 €.

Fängst du mit zwei Bienenvölkern an, liegen die Kosten für das erste Jahr somit bei etwa 1100 €. Vielleicht hast du Glück und bekommst deine ersten Bienen geschenkt, dann kannst du von den 1100 € noch einmal 160 € abziehen und darfst mit 940 € rechnen.

Mit 100 € kannst du also nicht alleine starten, das ist nicht realistisch. Mit 1100 € hast du dich dagegen gerade ausreichend fortgebildet, die nötigste Ausrüstung und die Bienen angeschafft. Legst du mehr Wert auf Qualität bei deiner Ausbildung und der Ausrüstung, dann kommst du insgesamt auf 1700 € für deinen Start in die Imkerei. Mehr Geld auszugeben, geht natürlich immer, das musst du individuell entscheiden.

Bei finanziellen Fragen ist es ebenfalls wichtig, ob du mit der Bienenhaltung Einnahmen erzielen willst, zum Beispiel durch den Verkauf von

Bienenprodukten wie Honig oder Wachs. Deshalb wollen wir uns nun die mögliche Seite der Einnahmen einer Imkerei näher ansehen.

In meiner Anfangszeit als Schüler hatte ich neben Taschengeld und Zeitungsaustragen nicht viel Geld. Trotzdem konnte ich mir die Ausrüstung finanzieren und etwas Großes aus meinem Hobby machen.

Meine erste Honigernte war in 2012, ich erntete von einem Volk siebenundzwanzig Kilogramm Honig. Ich füllte den Honig in vierundfünfzig 500-Gramm-Gläser ab, und erzielte bei einem Preis von 5 € pro Glas Einnahmen von 270 €. Abzüglich der Ausgaben für Gläser und Etiketten reichten diese Einnahmen für eine komplette Behausung und damit für ein zweites Volk.

Diese Rechnung hat sich inzwischen sogar drastisch verbessert, denn der Honigpreis ist seit 2012 deutlich gestiegen. Heute fülle ich meinen Honig in 250-Gramm-Gläser ab und kann mit gutem Gewissen pro Glas 4 € verlangen. Bei der gleichen Honigmenge wie 2012 würde ich heute mit 4 € pro Glas statt 270 € ganze 432 € einnehmen. Die Kosten sind in etwa gleichgeblieben, das heißt, der Gewinn würde gleich für zwei neue Behausungen reichen.

Das Schöne an der Imkerei ist in meinen Augen, nicht nur Geld ausgeben zu müssen, sondern im Gegensatz zu den meisten anderen Hobbys auch Geld einnehmen zu können. So kann man die Anfangsinvestitionen und laufenden Kosten refinanzieren.

Keine Frage, dieses wirtschaftliche Denken ist nicht für jeden gemacht und auch mir ist es dabei immer wichtig, an die Bienen zu denken. Immerhin müssen die Bienen für den Honig sehr hart arbeiten und werden durch uns Imker*innen stark beansprucht. Zudem muss bedacht werden, dass für siebenundzwanzig Kilogramm Honig das Dreifache an Nektar und Honigtau gesammelt werden muss. Das sind in diesem Fall 81 Kilogramm Nektar. Weil eine Biene nur circa 35 Milligramm Nektar pro Sammelflug tragen kann, sind für die besagten siebenundzwanzig Kilogramm Honig 2,3 Millionen Sammelflüge notwendig[58]. Würden wir den Bienen für ihre Arbeit den menschlichen Mindeststundenlohn zahlen und die oben genannte Arbeitszeit in einen Honigpreis umrechnen, so würden sich wohl 98 % der Menschen keinen Honig mehr leisten können.

Stell dir also abschließend die Frage, ob du mit deinen Bienen Einnahmen erwirtschaften und deine Ausgaben refinanzieren möchtest oder ob du lieber Artenschutz betreiben und in diese Arbeit investieren willst? Es ist deine Entscheidung und gerade im Hinblick auf das natürliche Leben der Bienen gibt es viele Argumente, die auch gegen eine Honigernte und die gezielte Bewirtschaftung der Bienen sprechen.

*Den eigenen Honig zu verkaufen bringt Einnahmen in die Imkerkasse. Dafür müssen die Bienen jedoch immense Leistungen erbringen, wozu nicht alle Imker*innen ihre Bienen bringen wollen.*

WIE VIEL ZEIT MUSS ICH FÜR DIE IMKEREI EINPLANEN?

Mit einer Baumhöhlensimulation kannst du ohne nennenswerten zeitlichen Aufwand Bienen bei dir einziehen lassen. Solltest du dagegen mit den Bienen arbeiten wollen, dann sieht es ein wenig anders aus.

Da sich Imker*innen nach der Natur und den Bienen richten, benötigst du für die Arbeit an den Völkern und mit den Bienen nur in der Hauptsaison von Mai bis Juli Zeit für feste, wöchentliche Termine von jeweils ein paar Stunden. Alle anderen Arbeiten, bei denen du dich und deine Imkerei auf die nächste Saison vorbereitest, sind dagegen nicht zeitgebunden und ganz nach Belieben durchzuführen.

Zeitangaben und Kosten in diesem Buch sind Richtwerte, denn individuelle Faktoren wie die Völkerzahl, Betriebsweise oder die Entfernung der Bienen zum Wohnort spielen bei der genauen Zeitbestimmung eine große Rolle. Der zeitliche Aufwand, um ein Bienenvolk in der Hauptsaison durchzusehen, liegt grob bei zwanzig Minuten. Am Anfang benötigst du auf jeden Fall länger und solltest dementsprechend mehr Zeit einplanen.

Mit drei bis fünf Völkern solltest du in der Hauptsaison also ein bis zwei Stunden pro Woche für die Arbeit an den Bienen einplanen. Rechne nach der Durchsicht noch etwas Zeit zum Notizenmachen oder Verstauen deiner Materialien dazu.

Honig zu ernten, erfordert in der Hauptsaison bei der wöchentlichen Durchsicht deiner Völker mehr Zeit und die eigentliche Ernte nimmt dann häufig mehrere Stunden in Anspruch.

Deine Betriebsweise, Völkerzahl und Erntemethode beeinflussen die Arbeitszeit bei der Honigernte maßgeblich. Es ist deshalb im Rahmen dieses

Buches kaum möglich, selbst grobe Angaben zum zeitlichen Aufwand zu machen.

Dennoch sei aus eigener Erfahrung gesagt, dass sich die Honigernte bei drei bis fünf Völkern gut schaffen lässt, wenn du dir einen Tag dafür freinimmst und die Sache ohne zeitlichen Druck angehst. Notierst du dir nach deiner ersten Ernte die Eckpunkte deines Vorgehens, dann kannst du bei der zweiten Honigernte den zeitlichen Aufwand selbst viel besser einschätzen, als ich es dir hier jemals sagen könnte.

Von Juli bis Oktober kommt dann insbesondere nach einer reichlichen Honigernte noch das Füttern deiner Völker hinzu. Hierfür rechnet man pro Volk und Fütterung grob mit einer Viertelstunde bis zwanzig Minuten. Je intensiver du Honig geerntet hast, desto mehr Futterungen solltest du im Spätsommer einplanen. Sie werden im Abstand von ein bis zwei Wochen durchgeführt.

Zu guter Letzt ist es notwendig, die Bienen in imkerlichen Beuten gegen die Varroamilbe zu behandeln und es empfiehlt sich eine jährliche, sogenannte Futterkranzprobe zu ziehen, um die Amerikanischen Faulbrut (AFB) im Blick zu behalten. Dabei wird eine Probe aus den Waben im Labor auf Faulbrutsproren untersucht. Für die Gesundheitsvorsorge deiner Bienen in imkerlichen Beuten sind bei drei bis fünf Völkern pro Jahr circa vier Stunden einzuplanen.

WIE VIEL PLATZ BRAUCHE ICH ZUM IMKERN?

Für eine Baumhöhlensimulation wäre ein geeigneter Platz tatsächlich eine Aufhängung in einem Baum. Da nicht jeder eine große Eiche in seinem Garten hat oder die Baumhöhle an seiner Hauswand aufhängen möchte, genügt auch ein geschützter Ort von ein bis zwei Quadratmetern Größe auf einer erhöhten Stelle. Damit die Baumhöhle am Boden nicht zu stark mit der Bodenfeuchtigkeit in Berührung kommt, empfiehlt es sich eine Unterlage zu verwenden, zum Beispiel Paletten. Auch bei der Aufstellung von imkerlichen Beuten sollte stets auf eine Erhöhung geachtet werden, um der Bodenfeuchte ein Stück weit zu entkommen.

Ordnung im Imkerlager sieht anders aus. Wenn du mit den Bienen arbeiten möchtest empfiehlt es sich genügend Platz einzuplanen. Und diesen aufgeräumt zu halten, damit du wichtige Werkzeuge schnell finden kannst.

Sobald du mit den Tieren arbeiten möchtest, solltest du eine Lagermöglichkeit haben, um dein Material zu verstauen. Ob in der Garage, im Keller oder an deinem Bienenstandort, du benötigst bei der Arbeit mit den Bienen je nach Betriebsweise einen Platz, um in der Nebensaison vorbereitende Arbeiten zu verrichten. Plane bei drei bis fünf Bienenvölkern einen Lagerraum von circa fünf Quadratmetern ein.

Für drei zu bewirtschaftende Bienenvölker brauchst du einen Standort von etwa 2,5 Metern Länge, 1,5 Metern Höhe und 0,5 Metern Tiefe. Bedenke, dass du am Standort immer hinter den Völkern – nicht vor den Fluglöchern – arbeiten solltest und dafür noch mindestens ein Meter Tiefe hinter den Bienenvölkern vorhanden sein sollte.

Insgesamt brauchst du also einen Raum von reichlich zweieinhalb Metern Länge und eineinhalb Metern Höhe und Tiefe. Noch besser wäre es für die Gesundheit deiner imkerlich bewirtschafteten Völker, wenn du Bienenvölker mehrere Meter voneinander entfernt aufstellst. So verhinderst du, dass sich kranke Bienen aus einem Volk in ein Nachbarvolk verirren (Verflug) und so Krankheiten wie die Varroamilbe von einem Volk ins andere verschleppt werden.

Solltest du Honig schleudern oder auspressen wollen, dann reicht im Übrigen der Platz in der Küche meist aus, oder du erledigst die Ernte mit dem Flow-Hive direkt am Bienenvolk, dann brauchst du selbst die Küche nicht mehr.

ICH WEIß NICHT, OB ICH ALLERGISCH GEGEN INSEKTENSTICHE BIN. KANN ICH TROTZDEM MIT DER IMKEREI ANFANGEN?

Von einer Insektenstichallergie spricht man, wenn es nach dem Bienenstich nicht bei einer Lokalreaktion an der Einstichstelle bleibt. In diesem Fall reagiert der ganze Körper, im Extremfall mit plötzlich auftretenden Hautrötungen, Hitzewallungen, Blasenbildung, Übelkeit, Atemnot oder sogar Herzrasen.

Tritt eine solche Reaktion auf, spricht man von einer anaphylaktischen Reaktion, dann muss unbedingt sofort der Notarzt gerufen werden, weil lebensrettende Maßnahmen erforderlich sein könnten. Sonst kommt zunächst der Rettungsdienst, der jedoch bei einer anaphylaktischen Reaktion nicht ausreicht. Bis dann der Notarzt eingetroffen ist, verstreicht wertvolle Zeit.

Jetzt die gute Nachricht: Eine anaphylaktische Reaktion mit klinischen Symptomen kommt nur bei etwa 3 % bis 5 % der Menschen in Deutschland vor[59]. Es ist also eher unwahrscheinlich, dass du allergisch reagierst, und besonders dann, wenn du bereits mehr als einmal von Wespen, Hornissen oder Bienen gestochen wurdest und auch beim zweiten Stich nur eine lokale Schwellung aufgetreten ist, kannst du davon ausgehen, dass du nicht allergisch bist.

Solltest du dir jedoch unsicher sein, dann bietet der Hautarzt einen Allergietest an, beziehungsweise im Fall der Fälle eine Desensibilisierung. Imkern mit einer Insektenstichallergie ist möglich, stellt jedoch eine hohe Verantwortung dar und erfordert einen guten Stichschutz bzw. ein Notfallset für Allergiker, falls sich ein Stich doch nicht verhindern ließ.

WELCHE BIENENBEHAUSUNG IST AM BESTEN FÜR DEN ANFANG?

In einem werden sich alle Imker*innen einig sein: Den Bienen soll es gut gehen. Was die richtige Behausung anbelangt, sind wir uns jedoch oft nicht einig. Die Meinungen gehen weit auseinander und das ist wunderbar, denn wir haben ja alle andere Vorhaben mit den Bienen.

Es besteht kein Zweifel daran, dass eine Baumhöhle die natürlichen Bedürfnisse der Bienen am besten erfüllt. Geht es dir ausschließlich um das Wohl der Bienen, ist das die beste Bienenbehausung für dein Bienenvolk.

Solltest du jedoch zusätzlich zum Bienenwohl andere Ziele beim Imkern verfolgen, dann eignet sich eine Baumhöhle nicht besonders. Hier kommen andere Behausungen für dich infrage.

Möchtest du also mit den Bienen arbeiten und sie von allen Seiten bestaunen, dann wähle für den Start eine Behausung, die den natürlichen Bedürfnissen der Bienen möglichst nahekommt und es gleichzeitig ermöglicht, die Bienen wirklich zu erleben. Um diesem Anspruch bei der Arbeit mit den Bienen gerecht zu werden, bieten sich all diejenigen Behausungen an, bei denen die Bienen auf flexiblen, beweglichen Rähmchen leben, beispielsweise einige

Einraumbeuten oder die Magazinbeuten. Gerade wenn du als Neuimker*in das Bienenvolk mit eigenen Augen von innen studieren und verstehen möchtest, geht das am einfachsten beim Imkern mit Rähmchen. So kannst du jede einzelne Wabe betrachten.

Behausungen mit fest verbauten Waben (Stabilbau) wie beispielsweise ein Bienenkorb, die Warré-Beute und in den meisten Fällen auch die Bienenkiste ermöglichen keinen direkten Blick auf die Waben und erschweren es gerade Neuimker*innen, diesen Teil des Bien verstehen zu lernen. Stabilbaubeuten sind jedoch mit etwas mehr Erfahrung auch eine wunderbare Möglichkeit, Bienen in imkerlichen Beuten zu halten.

Überlege dir also für den Start, ob Bienenkörbe, Warré-Beuten oder Bienenkisten mit fest verbauten Waben für dich infrage kommen, wenn du den Bien und seine Wesen von allen Seiten kennenlernen möchtest. Vielleicht wäre es besser, erst später mit etwas mehr Erfahrung auf diese Stabilbaubeuten zurückzugreifen, nämlich dann, wenn du auch ohne direkten Blick auf jede einzelne Zelle einschätzen kannst, wie es deinen Bienen geht.

Und wenn du dir keine Gedanken um die Bienen machen möchtest und auf das Betrachten einzelner Waben oder das Öffnen des Volkes verzichten kannst, dann weißt du jetzt, dass eine baumhöhlenähnliche Behausung die beste Wahl ist.

Also, wie entscheidest du dich?

WELCHE BETRIEBSWEISE DER IMKEREI IST DIE BESTE?

Die beste Betriebsweise ist diejenige, die die Bienen und ihre Gesundheit im Zentrum hat. Bienen in imkerlichen Behausungen anzusiedeln und sie dann sich selbst zu überlassen, ist garantiert nicht die beste

Betriebsweise. Insgesamt geht es jedoch beim Imkern nicht um die beste Betriebsweise, sondern um dich als Imker*in. Du solltest dir bewusst sein, welche Handgriffe und welches Vorgehen welche Auswirkungen auf die Bienen haben.

Wenn du wirklich mit den Bienen arbeiten möchtest, mache dir bewusst, was du mit den Bienen erreichen möchtest und wie du deine Bienen trotz der Eingriffe gesund hältst. Wenn du Bienen in imkerlichen Beuten hältst, kannst du nicht nur dann zu ihnen gehen, wenn es dir passt oder du gerade Zeit hast. Dann wäre eine Baumhöhlensimulation sicherlich die bessere Wahl.

Ob du mit deiner Betriebsweise nun den Bienen eine Traumwohnung schenken, Honig ernten, Bienen vermehren und verkaufen oder Bienenwaben betrachten möchtest: Durch Vergleiche der Betriebsweisen wird sich nie die eine und beste Betriebsweise finden lassen. Und das muss es auch nicht, denn für das Bienenwohl zu sorgen, ist die beste Betriebsweise. Eine Betriebsweise, die das Wohl unserer Bienen anstrebt, muss nicht erst durch Vergleiche gefunden werden. Daran sollten wir uns orientieren und es sollte uns als Imker*innen einen.

Wenn du mich also konkret nach der besten Betriebsweise beim Imkern fragen würdest, dann werde ich abschließend wie folgt antworten:

Die beste Betriebsweise ist nur die,
die wohl überlegt, durchdacht
und den Bienen ihrem Wesen nach,
ein sorgenfreies Leben macht.

ICH MÖCHTE EIGENTLICH KAUM HONIG ERNTEN, WELCHE BETRIEBSWEISE IST FÜR MICH AM BESTEN?

Neuimker Thorsten schreibt:

> *Hallo Felix,*
>
> *ich habe heute deinen Onlinekurs begonnen.*
>
> *Meine Frau und ich möchten in die ganz einfache und kleine Hobbyimkerei einsteigen. Uns geht es nicht um Honig-Verkauf, sondern darum, den Bienen ein Heim zu geben und die Imkerei kennenzulernen.*
>
> *Freundliche Grüße*
>
> *Thorsten*

Menschen wie Thorsten lieben es, sich mit den Bienen zu beschäftigen und die Imkerei kennenzulernen. Sie denken nicht als erstes an den Honig. Sie sind von Bienen fasziniert und wollen meist auch etwas für die Umwelt tun.

Abgesehen von der Entscheidung, ob du Honig ernten und vertreiben möchtest oder nicht, solltest du dich vor dem Start fragen: Wie stark möchte ich die Honigbienen nutzen?

Ist dir Honig unwichtig, möchtest du sogar kaum Honig ernten und auch nicht in die Völker hineinschauen, dann ist eine Baumhöhlensimulation deine Wahl. Wenn du dir die Honigernte unbedingt vornimmst, kannst du auch mit einer Baumhöhlensimulation ein paar Kilogramm Honig im Jahr ernten, du musst es aber nicht.

Möchtest du dagegen zwar keinen Honig ernten, aber einzelne Waben des Volkes betrachten, dann ist das in einer imkerlichen Beute inklusive der dazu passenden Betriebsweise ebenfalls möglich. Die Bienenbehausung sollte in diesem Fall so gewählt werden, dass sie die von den Bienen präferierte Größe von vierzig Litern nicht übersteigt. So legen die Bienen zwar einen ausreichenden Futtervorrat für den Winter an, doch hören sie auf Nektar zu sammeln, sobald dieser Vorrat erreicht ist oder die Natur keinen Nektar oder Honigtau mehr zur Verfügung stellt. Das hat zur Folge, dass du kaum Honig ernten musst, dafür wirst du dir jedoch Gedanken über Bienenschwärme machen müssen.

Haben Bienen ihren Vorrat aufgefüllt, werden die Völker sich teilen und schwärmen. Bereits vor dem Schwärmen kannst du dann entweder die Völker selber teilen, indem du Brutwaben und Bienen aus den Völkern entnimmst; Oder du fängst später die Schwärme ein und gibst die Bienen in neue Behausungen. Schau dir zu den imkerlichen Arbeiten eventuell noch einmal Kapitel 5 an.

Wenn du auf diese Weise imkerst, wirst du wenig Honig ernten, hast aber auch Arbeit damit, Bienenschwärme einzufangen oder durch imkerliche Eingriffe das Schwärmen selbst in die Hand zu nehmen beziehungsweise gegebenenfalls zu verhindern.

Kommst du später doch auf den Honiggeschmack, kannst du deine Betriebsweise immer noch umstellen. Und den Honig wirst du auch ganz schnell los, denn es wird sich in deiner Familie und deinem Umfeld schnell herumsprechen, dass es bei dir ein kostbares Naturprodukt gibt, das fast alle Menschen lieben.

WAS MUSS ICH VOR DEM ERSTEN BIENENKAUF BEACHTEN?

Von heute auf morgen Bienen zu kaufen, ist nicht sehr ratsam, denn um den Bienen gerecht zu werden, ist eine ausreichende Vorbereitungszeit nötig.

- Sei dir bewusst, was auf dich zukommt, und bereite dich darauf vor: Eigne dir Wissen über die natürliche Lebensweise und die Arbeit mit Bienen an. Was brauchen die Bienen von dir? Wie willst du mit den Tieren umgehen?

- Überlege dir, wie du die Imkerei in deinen Alltag integrieren kannst. Unterstützt dich jemand dabei? Hast du genügend Platz und Zeit? Bei aufkommenden Fragen ist es hilfreich zu wissen, wer dich mit seinem imkerlichen Wissen unterstützen kann, besonders dann, wenn die Bienen tatsächlich ankommen.

*Alleine geht es auch, aber zu zweit, zu dritt oder mit Mehreren und einer kompetenten Anleitung bringt das Imker*in werden umso mehr Freude und schnellere Lernerfolge.*

- Nimm noch VOR dem Bienenkauf Kontakt mit der zuständigen Behörde (Veterinäramt) auf und stell sicher, dass in deiner Region momentan kein Sperrbezirk vorliegt (siehe Kapitel 6). Nur dann darfst du Bienenvölker an deinen Ort verbringen. Für die Anmeldung deiner Völker in imkerlichen Beuten hast du ebenfalls VOR dem Bienenkauf die nötigen Formulare ausgefüllt und an die zuständige Behörde gesendet.

- Finde einen Standort für die Bienen. Bereits BEVOR die Bienen ankommen, solltest du einen Ort gefunden haben, an dem du deine Völker aufstellen möchtest oder an dem du gut imkern kannst. Entweder du besitzt das Grundstück oder du hast die Genehmigung des Eigentümers eingeholt, um eine Baumhöhle oder Bienenbeuten auf seinem Grundstück aufzustellen.

- Das Material für die Arbeit mit den Bienen steht bereit. Bereits vor dem Bienenkauf hast du dir Gedanken darüber gemacht, welches Material du für deine eigene Betriebsweise verwenden und kaufen möchtest. Insbesondere die Behausung deiner zukünftigen Bienen ist im Einklang mit deinen Überlegungen zur Bienenhaltung gekauft und einsatzbereit.

- Vor dem Kauf musst du wissen, in welcher Form du die Bienen kaufen möchtest. Du hast dabei die Wahl zwischen Kunstschwärmen oder Ablegern. Kunstschwärme kannst du in jede Behausung geben, Ableger sind weiterentwickelt und damit schon fast ein kleiner Bien. Solltest du dich für einen Ableger entscheiden, dann überprüfe vor dem Kauf, ob die Rähmchengröße, also die Waben auf denen die Bienen sitzen, zu deiner Behausung passt.

Ein/e erfahrene*r Imker*in steht dir zur Seite? Bereits vor dem Bienenkauf sind eine Menge Fragen aufgetaucht, nach dem Bienenkauf werden die garantiert nicht weniger. Zudem ist das Arbeiten mit der Natur und den Bienen eine Beschäftigung, bei der nicht selten Fragen auftauchen, die in keinem Buch stehen, sondern nur mit der langjährigen Erfahrung von anderen Imker*innen zu beantworten sind.

WANN IST DER BESTE ZEITPUNKT, BIENEN ZU KAUFEN?

Entscheidest du dich, Bienen für deine gewählte Behausung zu kaufen, dann gibt es zwei Möglichkeiten:

- Bienen im Frühjahr kaufen
- Bienen im Hochsommer kaufen

BIENEN IM FRÜHJAHR KAUFEN

Wenn du Bienen zu Beginn des Jahres kaufst, also im März oder im April, dann kommen neben dem physischen Kennenlernen deines Volkes gleich im ersten Jahr als Imker*in noch weitere Aufgaben auf dich zu.

Die Bienen haben die ganze Hauptsaison noch vor sich und können schnell zu sehr großen Völkern heranwachsen. Aufgrund ihres Potentials sind sie im Frühjahr auch häufig etwas teurer. Dafür kannst du bereits im ersten Jahr entscheiden, ob du Honig ernten oder deine Bienen schwärmen lassen möchtest.

Ziehen deine Bienen bereits im Frühjahr in eine Baumhöhlensimulation ein, dann wirst du sehr wahrscheinlich bereits im Sommer das Schwärmen beobachten können. So solltest du bereits im ersten Jahr als Imker*in wissen, wie du einen Schwarm einfangen kannst. Du musst dir auch überlegen, was du nach dem Fangen mit dem Schwarm tun möchtest. An andere Imker*innen verkaufen? Oder verschenken? Eine weitere Baumhöhle zulegen? Selten gelingt es dem Bienenschwarm von allein, eine geeignete Nistmöglichkeit zu finden. Es gibt vielerorts zu wenig Baumhöhlen und deshalb liegt es in deiner Verantwortung, für den Schwarm zu sorgen.

Entscheidest du dich, deine Bienen in imkerlichen Beuten nicht schwärmen zu lassen und stattdessen Honig zu ernten, dann solltest du bereits im ersten Jahr imkerliche Handgriffe kennen, um deine Völker vor dem Schwärmen zu teilen oder Honig zu ernten.

BIENEN IM HOCHSOMMER KAUFEN

Beim Kauf deiner ersten Bienen im Hochsommer hast du deutlich mehr Zeit, dich an die neuen Mitbewohnerinnen zu gewöhnen.

Mit einer Baumhöhle kannst du am Flugloch beobachten, was in deinem Bienenvolk passiert. Tragen die Bienen Pollen ein? Wie stark ist der Flugbetrieb? Oder wann fliegen die Bienen überhaupt nicht?

Hast du dich für imkerliche Beuten und das Arbeiten mit den Bienen entschieden, dann hast du ebenfalls mehr Zeit, dich mit den immer wiederkehrenden Handgriffen beim Imkern und mit dem Innenleben deines Bienenvolkes vertraut zu machen.

Das gestaltet den Start in deine Imkerei etwas entspannter, da für ab Mitte Juni gekaufte Völker die typischen Arbeiten der Hauptsaison (gegebenenfalls Schwarmtrieblenkung oder Honigernte) noch nicht anstehen.

Beim Bewirtschaften deiner Bienen in imkerlichen Beuten kannst du dich beim Bienenkauf im Hochsommer ganz um die wichtigen Aufgaben vor der Einwinterung kümmern. Lerne, dein Volk gegen die Varroamilbe zu behandeln und gegebenenfalls mit Zuckersirup zu füttern. Ebenfalls hast du bei einem Kauf deiner ersten Bienen ab Juni mehr Zeit zu lernen, wie du mit den Waben, dem Stockmeißel und dem Smoker umgehst. Kurz gesagt, so lernst du zuerst die Grundlagen beim Umgang mit den Bienen.

Nach der Winterpause hast du dann bereits eine gewisse Sicherheit im Umgang mit den Bienen und kannst dich um die weiteren Aufgaben wie zum Beispiel die Honigernte, Volksvermehrung oder das Einfangen der Schwärme kümmern. Imker*innen mit im Frühjahr gekauften Bienen müssen diese Aufgaben mitunter bereits im ersten Jahr bewältigen.

Um den besten Zeitpunkt für den Bienenkauf zu finden, ist es also wichtig zu überlegen, wie viel Zeit du hast und wie viel du dir für den Anfang zutraust. Das kannst du am besten einschätzen.

MIT WIE VIELEN VÖLKERN STARTE ICH AM BESTEN?

Nehmen wir an, du stellst eine Baumhöhlensimulation in deinem Garten auf und ein Bienenvolk zieht im Juni dort ein. Du kannst keine Eingriffe in das Volk vornehmen und bist dir bewusst, dass das Volk bereits im ersten Jahr versterben kann, da du die in Kapitel 1 beschriebenen natürlichen Mechanismen der Selektion kennst. So kann es passieren, dass ein Volk in einer Baumhöhle im Sommer des ersten Jahres eifrig summt, den Frühling im nächsten Jahr aber trotzdem nicht erlebt, weil es über den Winter den Ansprüchen der Natur nicht gerecht werden konnte. Du hast in diesem Fall keine Bienen mehr und eventuell sogar das Geld verloren, das du für einen Kunstschwarm ausgegeben hattest.

Aber keine Sorge, das Wabenwerk in der Baumhöhle ist im nächsten Sommer garantiert die beste Voraussetzung für einen neuen Bieneneschwarm, der die leere Wohnung gern übernimmt. Hier brauchst du nur etwas Geduld und Vertrauen in die Natur. Solltest du dagegen gleich mit zwei Baumhöhlensimulationen oder Klotzbeuten gestartet sein, dann reduzierst du die Wahrscheinlichkeit, gleich zwei Völker in einem Winter zu verlieren. Selbst wenn eines von zwei Völkern versterben sollte, dann wird das andere Volk garantiert einen Bienenschwarm abwerfen, der nicht weit fliegen muss, um die leere Baumhöhle wieder zu beleben.

Beim Imkern bzw. Arbeiten mit den Bienen in imkerlichen Beuten und angesichts der vielen neuen Aufgaben, die mit der Imkerei auf dich zukommen, denkst du vielleicht: „Mit imkerlichen Beuten ist mein Einfluss auf das Überleben des Volkes viel größer als in Baumhöhlen, da fange ich erst einmal mit einem Volk an!"

Doch hast du beim Imkern mit imkerlichen Beuten tatsächlich mehr Kontrolle und Einfluss auf das Überleben einzelner Völker?

Stell dir vor, du hast nur ein Volk in einer imkerlichen Beute und bei der Durchsicht deines Volkes verletzt du ungewollt die Königin. Sie legt keine Eier mehr und dann wächst dein Volk nicht mehr! Brut ist noch vorhanden und die Bienen können schnell für eine neue Königin sorgen, die dann jedoch erst begattet werden muss. Wenn die neue Königin dann auf dem Begattungsflug verloren gehen sollte, stirbt dein einziges Volk schon im ersten Jahr, denn ohne eine Brutwabe mit Eiern und Larven kannst selbst du den Verlust der Königin nicht mehr ausgleichen. Du musst, zumindest mit den Bienen, ganz von vorn anfangen.

Neben der Gefahr, die Königin beim Öffnen der imkerlichen Beute zu verletzten, fehlt es dir gerade am Anfang eventuell noch an Erfahrung, den Bienen auch in imkerlichen Beuten gerecht zu werden. Es kann somit sehr gut sein, dass dein Volk den Herausforderungen der Natur und deinen Eingriffen zunächst nicht gewachsen ist. Stirbt dein einziges Volk, hast du keine Reserve, um den Verlust auszugleichen.

Hast du also keine/n Imker*in in der Nähe, von dem/der du dir bei einem Königinnenverlust kostenlos Brutwaben holen kannst oder der dir bei einem Totalverlust gleich ein neues Volk schenkt, dann kaufe beim Start in die Imkerei mindestens zwei Völker.

So kannst du bei Bedarf selbst Brutwaben von einem Volk in das andere hängen und verlierst langfristig kein einziges Volk, auch wenn die Königin einmal verloren gehen sollte.

Zudem wirst du nur mit zwei Völkern oder mehr, bei deinem Start in die Imkerei, eine wunderbare Erfahrung machen. Bienenvölker entwickeln sich immer unterschiedlich, sie haben ihren ganz eigenen Charakter. Deshalb verpasst du mit zwei oder mehr Völkern nicht die Gelegenheit, diese Unterschiede kennenzulernen.

Beim Imkern mit Bienenvölkern ist schnell festzustellen, dass jedes Volk auch von innen anders aussehen wird. Jedes Volk hat seinen eigenen Charakter, sammelt mehr oder weniger Pollen und Nektar, entwickelt sich schneller oder langsamer oder ist ruhiger beziehungsweise aufgeweckter als die anderen Völker.

WO KANN ICH BIENEN KAUFEN?

Grundsätzlich solltest du Honigbienen nur von einer seriösen und vertrauenswürdigen Quelle kaufen, denn gerade am Anfang kann ein krankes Volk richtig ärgerlich sein. Im schlimmsten Fall hat das schwache Volk Sporen der Amerikanischen Faulbrut und dein neuer Bienenstand muss – gerade erst eingerichtet – einmal komplett gereinigt werden, um die Sporen zu vernichten.

Achte bei der Auswahl an Verkäufern deshalb immer darauf, dass diese ein aktuelles Gesundheitszeugnis für ihre Bienen nachweisen können. Eine Futterkranzprobe der Kategorie 0 reicht nicht aus, denn dann wurden die Futterkranzprobe nicht amtlich bestätigt und es ist für dich als Käufer*in zunächst einmal unklar, ob zum Beispiel die Probe auch tatsächlich von den zu verkaufenden Völkern stammt. Um ein Gesundheitszeugnis zu bekommen, muss eine Futterkranzprobe somit immer vom Veterinäramt anerkannt werden.

Gleiches gilt für den Kauf von Bienen aus dem Ausland, hier ist nicht sichergestellt, dass die Völker gesund sind bzw. frei von Bienenschädlingen.

Es empfiehlt sich deshalb, grundsätzlich Bienenvölker aus deiner Region zu kaufen, da sich die Bienen dann bereits an das Klima anpassen konnten. Halte Ausschau nach Imkereien in deiner Umgebung oder durchsuche das Internet nach seriösen Angeboten.

KAPITEL 8
DEIN WEG IN DIE IMKEREI

Wenn du das Buch bis hierher gelesen hast, dann bist du vielleicht zu dem Schluss gekommen, dass das einfache Aufstellen von einer Baumhöhle oder die Imkerei und Arbeit mit den Bienen in imkerlichen Beuten eine wunderbare neue Freizeitbeschäftigung für dich sein können. Vielleicht hast du sogar beschlossen, gleich zwei Bienenvölker zu kaufen und mit der Bienenhaltung morgen zu starten. Gut!

Bevor du jedoch direkt loslegst, möchte ich dich noch gerne auf eine kurze Reise mitnehmen, einen Gedankenweg. Er beginnt mit Ralf, der mir Folgendes schrieb:

> *Moin Felix,*
>
> *Ich trage mich seit einigen Jahren mit dem Gedanken, mich mit der Imkerei zu beschäftigen. [..] Vor einiger Zeit hat sich das konkretisiert.*
>
> *Da ich der Meinung bin, dass Imkerei mehr ist, als sich Völker in den Garten zu stellen, mache ich vorbereitend gerade einige Kurse an der Imkerschule [...].*
>
> *Nun möchte ich dem auch Taten folgen lassen und mir 1 - 2 Völker zulegen. Trotz oder wegen der ganzen Theorie möchte ich nun aber auch nichts falsch machen und suche Unterstützung bei der Erstanschaffung (Zeitpunkt, Art, Aufstellort, Beuten, etc.), bei der ersten Überwinterung und beim Sammeln von praktischer Erfahrung. Wenn*

alles zusammenpasst, möchte ich eventuell auch einem Verein beitreten, aber alles der Reihe nach.

Ich hatte im Hinterkopf mit 2 [...] Völkern jetzt in den Winter zu starten, um im Frühjahr direkt durchstarten zu können. Allerdings bin ich noch unsicher, welche Beutenart ich nehme.

Das müsste ich scheinbar wissen, um meine Völker auf dem richtigen Rähmchen zu bekommen. Eigentlich tendiere ich zur Segeberger Beute, wollte aber kein Styropor. Styropor scheint aber gängig zu sein, daher würde ich das so hinnehmen.

Macht es Sinn, als Einsteiger zum Winter hin anzufangen, oder ist es besser, im Frühjahr mit Ablegern zu starten?

Herzliche Grüße
Ralf

Wie ich rückblickend über meine eigene Ausbildung an einer Imkerschule heute sagen kann, zeichnen solche Kurse häufig ein sehr enges Bild der Imkerei. Ralf scheint kaum über andere Behausungen oder Alternativen zur Kunststoffbeute informiert worden zu sein.

Ich habe schon während meiner Ausbildung an einer Imkerkschule festgestellt, dass es nicht gelang, mir ein Verständnis für die natürliche Lebensweise der Honigbienen zu vermitteln. Dieses Wissen musste ich mir über mehrere Jahre mühsam selbst aneignen.

Ich höre immer wieder, dass Imker-Kurse damit beginnen, wie du die Biene nutzen kannst, anstatt darüber zu sprechen, was die Biene eigentlich ausmacht, oder wie sie seit Millionen von Jahren lebt und was sie folglich wirklich braucht.

Die vielfältige Welt der Bienen und Imkerei, wie ich sie im In- und Ausland über fast ein Jahrzehnt erlebt habe und selbst in meiner Imkerei umsetze, kommt in den Kursen meist nicht vor! Geschweige denn, dass dir geholfen würde, deinen eigenen Weg in die Imkerei zu finden.

Ralf war trotz oder vielleicht gerade wegen der ganzen Theorie unsicher, etwas falsch zu machen. Er wusste nicht einmal, welche Beutenart er letztendlich nehmen sollte.

Eine Ausbildung oder ein Imkerkurs, der Ralf befähigt, seinen Weg beim Imkern zu finden und ihm Sicherheit für sein eigenes Vorhaben gibt, sieht garantiert anders aus.

Naturnahe Alternativen hat Ralf erst lange nach seinem Kurs an der Imkerschule kennengelernt und möchte sie bald ebenfalls einsetzen. Somit hat Ralf heute seinen Weg gefunden.

Wie kann es bei einer Ausbildung in einer Imkerschule jedoch sein, dass Ralf erst so spät vom natürlichen Leben der Honigbienen erfahren hat? Wenn du dich erinnerst, Ralf hätte sogar eine Styroporbehausung für seine Bienen hingenommen, nur weil diese Beute gängig war.

Vielleicht liegt es daran, dass an den Imkerschulen und in den meisten Imkervereinen von etablierten Imkern unterrichtet wird, und das häufig seit Jahrzehnten. Diese haben nicht selten eine Ausbildung als Tierwirt*in gemacht, vielleicht haben sie sogar einen Meistertitel als Imker*in. Insbesondere Berufsimker*innen müssten doch wissen, wie das Imkern geht, oder?

Das stimmt, sie lehren ihre eigene Philosophie der konventionellen Imkerei, die meist darin besteht, mit den Bienen zu arbeiten, sie zu züchten, zu selektieren und möglichst viel Honig zu ernten, und das, ohne dass die Völker schwärmen. Daran ist erst einmal nichts auszusetzen und Ralf hat mit dieser konventionellen Ausbildung offensichtlich auch anfangen können, doch heute bietet die Imkerei so viel mehr. Ralf und du wissen das nun durch dieses Buch, denn ich weiß, wovon ich spreche!

Imker*innen in Deutschland haben ein Durchschnittsalter von 55 Jahren[60] und die Welt verändert sich ständig. Mit meinen jungen Jahren und durch meine Erfahrungen im Ausland sehe ich die Welt der Imkerei ein wenig anders! Mir fehlt in der traditionellen Imkerei der Blick für die übergeordneten Zusammenhänge des Lebens von Bienenvölkern und auch der Blick weg von "Wie kann ich die Biene nur für mich nutzen", hin zu "Was kann ich von den Bienen lernen und was brauchen sie wirklich?"

Die konventionelle Imkerei, das intensive Bewirtschaften von Honigbienen mit oft zweistelligen Völkerzahlen ist heute bei der Ausbildungen von Neuimkern das dominante Thema. Dabei bietet die Beschäftigung mit den Honigbienen so viel mehr, gerade wenn es um die natürlichen Bedürfnisse der Bienen geht.

Neue Untersuchungen und Forschungen zum natürlichen Leben der Honigbienen scheinen in den meisten Imkerkursen keine Beachtung zu finden, vielleicht weil die Bienenhaltung in imkerlichen Beuten immer funktioniert hat und dies auch heute noch tut.

Wenn du keinen anderen Umgang mit den Honigbienen kennst, nur siehst, dass ein Weg funktioniert, weil es schon immer so gemacht wurde, dann imkerst du mit den Bienen vielleicht jahrelang so weiter, obwohl andere Betriebsweisen – die du nie kennengelernt hast – dir viel mehr zusagen würden; oder den Bienen viel gerechter werden als die konventionelle Art zu imkern.

Ralf würde vielleicht viel lieber mit Einraumbeuten aus Holz imkern oder doch lieber nur mit einer Baumhöhlensimulation Artenschutz betreiben. Hätte er davon bereits bei seinem Einstieg in die Bienenhaltung gewusst, wie anders hätte sein Weg in die Imkerei aussehen können?

Die wesentlichen Betriebsweisen, die du bereits aus diesem Buch kennst, hätten auch mir zu Beginn meiner Imkerei sehr geholfen, und ich bin froh, dass du mit diesem Buch bereits zu Beginn deines Vorhabens von meinen jahrelangen Erfahrungen lernen konntest.

Es ist deshalb grundsätzlich ein wunderbarer Gedanke und überhaupt keine schlechte Idee, wenn du nun vielleicht sogar sofort mit dem Imkern beginnen möchtest. Schließlich würde auch ich behaupten, dass du schon jetzt mehr weißt als die meisten Imker*innen, die bereits Kurse besucht haben. Und du hast ja gelernt, dass die Bienenhaltung überall möglich ist und der Einstieg nicht einmal einen Kurs erfordert. Es ist daher verlockend, sofort eigene Bienen halten zu wollen, und immerhin bieten Internet und Bücher ja auch eine Vielzahl an Möglichkeiten. Ich verstehe dich und deinen Tatendrang und will dich garantiert nicht aufhalten.

Trotzdem solltest du dir ein wenig Zeit nehmen, bevor du loslegst. Denn auch wenn das Imkern nach der Lektüre dieses Buches leicht und einfach klingen mag, das ist es nicht.

Ein Buch zu lesen, die Grundzüge des natürlichen Lebens der Honigbienen verstanden zu haben und etwas über die Imkerei zu wissen, befähigen dich noch nicht, eigenständig Bienen zu halten.

Wenn du mit der Bienenhaltung beginnen möchtest, dann brauchst du neben einer fundierten Ausbildung jemanden, der dich bei deinem Einstieg von Anfang an begleitet und aus seiner Erfahrung Fragen beantwortet, die selbst in einem Buch schwer zu finden sind.

Deine Begeisterung für die Bienen und das Imkern bringt dir eine Menge Motivation und Tatkraft, um deinen Traum von den eigenen Bienen zu verwirklichen. Doch der Erfolg hängt ganz allein davon ab, für welchen Weg du dich beim Start in die Imkerei entscheidest.

Willst du dich auf nur eine Richtung der Imkerei konzentrieren oder wie Ralf trotz Bergen an Theorie immer noch viele offene Fragen und damit Unsicherheiten haben? Willst du nur etwas über die Bewirtschaftung von Bienenvölkern lernen und die Bienen an sich vergessen? Oder möchtest du mit einem Verständnis für die natürliche Lebensweise der Honigbienen beginnen und aus der Vielfalt der Imkerei heraus den besten Weg für dich wählen?

Das Geheimnis für einen glücklichen Start in die Imkerei liegt in der Begleitung durch einen erfahrenen Imker oder eine Imkerin und einer fundierten, vollständigen Ausbildung: Sie braucht das richtige Maß an Theorie in deinem Lerntempo und viele praktische Einblicke in die reichhaltige Welt der Imkerei und, vor allem am Anfang, den Blick auf das natürliche Leben der Honigbienen!

Denn was bei deinem Start in die Imkerei in keinem Fall passieren darf, ist, dass du gezwungenermaßen mit den Bienen arbeiten musst, obwohl du doch die Tiere eigentlich nur verstehen und ihnen vielleicht nur eine Behausung zur Verfügung stellen wolltest, in der sie ungestört leben können.

Es kann auch nicht sein, dass deine Freude, mit den Bienen zu arbeiten, verloren geht, weil dir grundlegendes Wissen über die Zusammenhänge der Bienen mit ihrer Umwelt bzw. die Auswirkungen der Imkerei auf die Bienen fehlen. Es kann nicht sein, dass die Bienen unter unserer Unwissenheit leiden müssen.

Nur wenn du die Bienen wirklich verstanden hast und deine Überzeugungen von der passenden Betriebsweise mit den Bedürfnissen der Bienen übereinstimmen, wird dein Vorhaben zu imkern langfristig gelingen und du wirst damit glücklich sein.

Wie leben Honigbienen in einem Volk eigentlich zusammen? Und wie haben sie es geschafft, Millionen von Jahren ohne uns Menschen zu überleben? Sollten wir uns nicht mehr solche Fragen stellen, bevor wir darüber nachdenken Honigbienen für uns zu nutzen oder sie zu halten?

Damit du deinen eigenen Weg in der Bienenhaltung gehen kannst und damit du den wundervollsten Insekten der Welt langfristig Gesundheit zu schenken vermagst, habe ich die Online-Ausbildung BeeExpert entwickelt.

Die Ausbildung versetzt dich in die Lage, Schritt für Schritt ein/e Bienenexpert*in zu werden, und ermöglicht dir zunächst in deinem Tempo das so wichtige Verständnis für die Bienen zu erlangen. Zudem lernst du in der BeeExpert-Ausbildung, wie du Honigbienen mit einer Baumhöhlensimulation ein natürliches Zuhause schenkst und ein paar Kilogramm Honig erntest, wenn du das willst.

Gerade wenn du schon jetzt vorhast, nicht nur die Biene intensiv kennenzulernen, sondern später auch mit den Bienen in imkerlichen Beuten zu arbeiten, dann ist die BeeExpert-Ausbildung für dich die beste Grundlage beim Imkern. Mit dem Wissen über die Bienen wird es dir später leichter fallen, eine passende Betriebsweise zu entwickeln, mit der du im Handumdrehen eine eigene Imkerei in deine Freizeit integrieren kannst.

Mit umfangreichen, aber verständlichen und lebendigen Videos, Arbeitsblättern und dem persönlichen Kontakt zu mir, versetze ich dich in die Lage, den Grundstein für eine glückliche Imkerei zu legen und deine Begeisterung für die Honigbienen in die Welt zu tragen. Und das alles in deinem Tempo, im richtigen Maß und garantiert mit ganz vielen Glücksgefühlen!

MEHR ÜBER DIE BeeExpert-AUSBILDUNG FINDEST DU HIER HERAUS: www.BeeHappy-Imkerei.de/BeeExpert

Wie auch immer dein weiterer Weg aussehen wird, ich wünsche dir viel Erfolg auf deinem Pfad in die Welt der Honigbienen und alles Gute beim Imkern.

Vielleicht sehen wir uns in der Online-Ausbildung BeeExpert ja schon bald wieder. Ich würde mich riesig freuen.

Summende Grüße
Felix, dein glücklicher Imker
BeeHappy, be more nature.

FEEDBACK

Liebe*r Leser*in, zunächst möchte ich dir einmal danken, denn mit deiner Entscheidung dieses Buch zu kaufen und zu lesen, hast du nicht nur meine Arbeit unterstützt und gefördert, sondern auch die Arbeit anderer mitwirkender Menschen.

Dafür wirklich vielen, herzlichen Dank!

Nun am Ende dieses Buches angekommen hoffe ich, dass ich dir mit "Glücklich Imkern" deinen Weg in die Bienenhaltung geebnet habe und du eine Menge Freude und Glückseligkeit beim Lesen empfunden hast. Was waren deine Erkenntnisse beim Lesen? Was wusstest du vielleicht schon über die Bienenhaltung und was hast du dazugelernt? Hat dich eine bestimmte Stelle im Buch besonders berührt?

Ich hätte zu meinem Buch noch tausende Fragen an dich, denn ich möchte meine Arbeit auch weiterhin so gestalten, dass sie dir bei deinem Einstieg in die Imkerei wirklich hilft.

Es ist schade, dass ich dich nicht kenne. Somit würde es mich wahnsinnig interessieren, von dir zu hören. Hast du deinen Weg in die Imkerei bereits gefunden? Was wäre für dein Vorhaben, Imker*in zu werden, noch hilfreich gewesen? War etwas unklar oder was hat dir unglaublich geholfen?

Schreib mir doch gerne jetzt gleich und an dieser Stelle eine E-Mail an buch@beehappy-imkerei.de und berichte mir über deine Vorhaben und deine Erfahrungen mit "Glücklich Imkern".

Schon jetzt bin ich BEEgeistert, von dir zu hören.

AUTOR

Hallo, ich bin Felix, der glückliche Imker.

Seit 2020 arbeite ich als selbstständiger Online-Imker-Pate, Bienenexperte und begeisterter Imker. Auf meiner Website BeeHappy-Imkerei.de blogge ich bereits seit 2019 und möchte mit meiner Arbeit endlich mehr Bienenbegeisterten dabei helfen, sich in der Welt der Imkerei gekonnt zu orientieren. Meine Begeisterung für die Bienenhaltung steckt an und befähigt auch dich, selbstständig zu imkern und mit eigenen Bienenvölkern eine glückliche Freizeit zu verbringen.

Ich selbst halte seit 2012 Honigbienen und habe seit damals mehr als zehn klassische Imker-Kurse absolviert. Auf meiner selbstorganisierten Imkerweltreise nach Australien, Neuseeland, Kanada und Amerika erweiterten sich meine imkerlichen Kenntnisse immens. Bis heute und in Zukunft bilde ich mich mit Begeisterung in allen Themengebieten der Imkerei fort und lerne mit Freude stetig mehr über das natürliche Leben unserer Honigbienen kennen. Alles, um mein Wissen großzügig mit dir zu teilen.

Wenn es dir beim Imkern darum geht, sofort den für dich richtigen Weg in die Bienenhaltung oder den Artenschutz von Honigbienen einzuschlagen, dann kann ich dir mit meinem reichhaltigen Wissen über die Honigbienen und die Vielfalt beim Imkern den bestmöglichen Start bieten.

P. S.

Nicht vergessen, schreib mir gerne eine E-Mail an buch@beehappy-imkerei.de und gib mir dein Feedback zu "Glücklich Imkern". Mit deiner Hilfe kann ich so das Buch fortlaufend optimieren.

MITWIRKENDE

Gundel Steigenberger | Lektorat & Korrektorat

Anna Maria Viktor | Illustratorin & Covergestaltung

Julia C. E. | Neuimkerin & Probeleserin

Katerina Saak | Neuimkerin & Probeleserin

Christian Maisch | Neuimker & Probeleser

Karl Banhardt | Neuimker & Probeleser

Dr. med. Thorsten Koch | Neuimker aus Kapitel 7

Ralf Trebstein | Neuimker aus Kapitel 8

Neben den genannten Menschen dürfen sich auch alle Menschen angesprochen fühlen, die hier nicht explizit erwähnt wurden und dennoch zu meinem Buch beigetragen haben.

Insbesondere denke ich dabei an die vielen Imker*innen und Forscher*innen, deren Leben sich ebenfalls um die Honigbienen dreht und die mit ihren eigenen Büchern, Artikeln und Werken auch mich an ihrem Wissen haben teilnehmen lassen.

Vielen Dank

IMPRESSUM

Alle in diesem Buch zur Verfügung gestellten Informationen dienen allein der Bildung und der Unterhaltung. Alle Informationen wurden von mir auf Plausibilität und Korrektheit geprüft, trotzdem können sie sich als fehlerhaft oder sogar falsch erweisen.

Ich übernehme keinerlei Haftung für Handlungen, die auf Grundlage von in diesem Buch, E-Book oder Hörbuch zur Verfügung gestellten Informationen getroffen werden.

Dieses Buch enthält mitunter Links zu Webseiten Dritter, auf deren Inhalte ich keinen Einfluss habe.

Die verlinkten Seiten wurden zum Zeitpunkt der Verlinkung auf mögliche Rechtsverstöße überprüft. Rechtswidrige Inhalte waren zum Zeitpunkt der Verlinkung nicht erkennbar.

In diesem Buch steckt eine Menge Arbeit, unermüdlicher Einsatz und Hingabe. Nicht nur deshalb ist das Buch wie jedes Werk urheberrechtlich geschützt. Jegliche Verbreitung, Vervielfältigung bzw. jegliches Kopieren auch nur von Teilen diese Werkes werden konsequent und ständig durch meine Anwälte verfolgt und bei Missbrauch sofort zur Anzeige gebracht.

© 2021 Felix Mrowka, BeeHappy be nature.

Glücklich Imkern Verlag

Oersdorfer Weg 50, 24568 Kaltenkirchen, Deutschland

E-Mail: mail@beehappy-imkerei.de

Internet: www.BeeHappy-Imkerei.de

Lektorat: Lektorat Steigenberger UG

Buchcovergestaltung: Anna Maria Viktor

Druck, Bindung und Auslieferung: Amazon oder Tochtergesellschaft

ISBN : 978-3-9823266-1-0

Ausgabe: 1. Originalausgabe, Mai 2021

QUELLEN

1 Tauz, Jürgen (2007): *Phänomen Honigbiene*. Heidelberg, Springer-Verlag Berlin, S. 4.

2 Schiffer, Torben (2020): Evolution der Bienenhaltung. Artenschutz für Honigbienen. Stuttgart, Eugen Ulmer, S.23.

3 erneut zitiert wie in (1)

4 Richter, Daniel; Grün, Rainer; Joannes-Boyau, Renaud et al (2017): The age of the hominin fossils from Jebel Irhoud, Morocco, and the origins of the Middle Stone Age. In: Nature 546, S. 293–296.

5 Schiffer, Torben (2020): S. 184–191

6 erneut zitiert wie in (1)

7 erneut zitiert wie in (1)

8 Seeley, Thomas D. (2014): Bienendemokratie. Wie Bienen kollektiv entscheiden und was wir davon lernen können. Frankfurt am Main, S. Fischer Verlag, S. 66.

9 Bayerische Landesanstalt für Weinbau und Gartenbau (ohne Jahresangabe): *Honigkurs Teil 1: Entstehung von Honig, Rohstoffe des Honigs Sammeln von Nektar und Honigtau Honiginhaltsstoffe.*. https://www.lwg.bayern.de/mam/cms06/bienen/dateien/honigkurs_teil_1.pdf, abgerufen: 22.03.2021, zuletzt aktualisiert: o. D.

10 Schiffer, Torben (2020): S.52

11 Thür, Johann (1946): Bienenzucht – Naturgerecht, einfach und erfolgsicher. Wien,VERLAG. zit.n. Weippl: Bienen-Vater (1936).

12 Tauz, Jürgen (2007): S. 41

13 Seeley, Thomas D. (2014): S. 213ff.

14 Länderinstitut für Bienenkunde (ohne Jahresangabe): *Entwicklung, Körperbau und Körperfunktionen der Honigbiene*. https://www2.hu-berlin.de/bienenkunde/index.php?id=111 abgerufen: 11.08.2020, zuletzt geändert: o. D.

15 Schiffer, Torben (2021): *Der wahre Preis des Honigs - Artenschutz für Honigbienen!*. In: Reinhard Wernbacher (Hrsg.), Imkern heute - Das Fachmagazin für Bienenzucht Wirtschaft und Forschung, Nr. 9, 2020/21. Graz.

16 Seeley, Thomas D. (2014): S. 38

17 Seeley, Thomas D. (2017): *Auf der Spur der wilden Bienen*. Frankfurt am Main, S. Fischer Verlag, S. 23.

18 Tauz, Jürgen (2007): S. 118

19 Seeley, Thomas D. (2014): S. 45

20 Schmitz, Manfred (2020): Aufbruch in eine neue Bienenhaltung. Aktuelle Forschung zu bienengerechter Imkerei. Stuttgart, Verlag Eugen Ulmer KG, S. 134ff. zit.n. Seeley, Prof. Dr. Thomas D. (2016). Rosenfeld.

21 erneut zitiert wie in (20)

22 erneut zitiert wie in (20)

23 erneut zitiert wie in (20)

24 Schiffer, Torben (2021): S. 32

25 erneut zitiert wie in (15)

26 erneut zitiert wie in (19)

27 erneut zitiert wie in (1) und (2)

28 erneut zitiert wie in (4)

29 Bundesministerium der Justiz und für Verbraucherschutz (2021): Bürgerliches Gesetzbuch (BGB) *§ 906 Zuführung unwägbarer Stoffe*. https://www.gesetze-im-internet.de/bgb/__906.html abgerufen: 06.05.2021, zuletzt geändert: 30.03.2021.

30 Bundesgerichtshof (1992): *BGH Urteil V ZR 274/90*. https://openjur.de/u/32462.html abgerufen: 22.03.2021, zuletzt geändert: o. D.

31 erneut zitiert wie in (27)

32 Schiffer, Torben (2020): S.186ff

33 Seeley, Thomas D. (2017): S. 31 zit.n. Galton, Dorothea (1971). Survey of a Thousand Years of Beekeeping in Russia. London.

34 Statista GmbH (2020): *Pro-Kopf-Konsum von Honig in Deutschland bis 2019*. https://de.statista.com/statistik/daten/studie/422472/umfrage/pro-kopf-konsum-von-honig-in-deutschland/ abgerufen: 22.03.2021, zuletzt aktualisiert: o. D.

35 Tauz, Jürgen (2015): Die Erforschung der Bienenwelt - Neue Daten - neues Wissen. Stuttgart, Klett, S. 17

36 erneut zitiert wie in (8)

[37] erneut zitiert wie in (33)

[38] Bundesministerium für Justiz und für Verbraucherschutz (2014): *Bienenseuchen-Verordnung (BienSeuchV).* https://www.gesetze-im-internet.de/bienseuchv/BJNR005940972.html abgerufen: 22.03.2021, zuletzt geändert: 2014.

[39] erneut zitiert wie in (33)

[40] Bundesministerium für Justiz und für Verbraucherschutz (2004): *Honig-Verordnung (HonigV).* https://www.gesetze-im-internet.de/honigv_2004/BJNR009200004.html abgerufen: 22.03.2021, zuletzt geändert: 05.07.2017.

[41] Pohl, Friedrich (2019): Handbuch Bienenkrankheiten. Vorbeugen, Erkennen, Behandeln. Stuttgart, Franckh-Kosmos Verlag. S. 202

[42] erneut zitiert wie in (38)

[43] erneut zitiert wie in (38)

[44] erneut zitiert wie in (38)

[45] Locke, Barbara (2016): Natural Varroa mite-surviving Apis mellifera honeybee populations. Apidologie 47, 467–482. http://link.springer.com/article/10.1007/s13592-015-0412-8, abgerufen: 13.05.2021, zuletzt geändert: o. D.

[46] R. Goodwin, A. Ten Houten, H. Perry (1994).: Incidence of American foulbrood infections in feral honey bee colonies in New Zealand. New Zealand Journal of Zoology Vo. 21, S. 285-287. zit.n. Schiffer, Torben (2020)

[47] Bundesministerium für Ernährung und Landwirtschaft - Lebensmittelbuch Kommission (2021): *Neufassung der Leitsätze für Honig.* https://www.deutsche-lebensmittelbuch-kommission.de/fileadmin/Dokumente/leitsaetzehonig.pdf abgerufen: 01.06.2021, zuletzt geändert: o. D.

[48] Bundesministerium für Justiz und für Verbraucherschutz (1989): *Gesetz über die Haftung für fehlerhafte Produkte (Produkthaftungsgesetz - ProdHaftG).* https://www.gesetze-im-internet.de/prodhaftg/BJNR021980989.html abgerufen: 22.03.2021, zuletzt geändert: 17.07.2017.

[49] M. E. Miller: Natural comb building (1935) Canadian Bee Journal 43 (8), S. 216-217. UND L. Bailey: Wild Honeybees an Disease (1958). Bee World. 39, S.92-95.

[50] erneut zitiert wie in (38)

[51] erneut zitiert wie in (38)

52 erneut zitiert wie in (38)

53 erneut zitiert wie in (38)

54 Bundesanzeiger Verlag GmbH (2011): Bekanntmachung der Neufassung der Verordnung über anzeigepflichtige Tierseuchen. In: Bundesgesetzblatt (BGBl.) I S. 1404 Teil I Nr. 37. Bonn, Bundesanzeiger Verlag

55 Bundesministerium für Justiz und für Verbraucherschutz (2019): *Gesetz zur Vorbeugung vor und Bekämpfung von Tierseuchen (Tiergesundheitsgesetz - TierGesG).* https://www.gesetze-im-internet.de/tiergesg/BJNR132400013.html abgerufen: 22.03.2021, zuletzt geändert: 20.11.2019.

56 erneut zitiert wie in (38)

57 erneut zitiert wie in (38)

58 Tauz, Jürgen (2007): S. 68

59 Weber, Franziska (2021): Schock aus heiterem Himmel. In: Deutsches Bienen Journal: Forum für Wissenschaft und Praxis, Nr. 1/2021, S. 7.

60 Deutscher Imkerbund (D.I.B.) (2021): *Imkerei in Deutschland.* https://deutscherimkerbund.de/160-Die_deutsche_Imkerei_auf_einen_Blick abgerufen: 22.03.2021, zuletzt geändert: 18.02.2021.

Printed in Germany
by Amazon Distribution
GmbH, Leipzig

23787875R00118